信号与系统
口袋公式

主编 徐培源

北京理工大学出版社
BEIJING INSTITUTE OF TECHNOLOGY PRESS

版权专有　侵权必究

图书在版编目（CIP）数据

信号与系统口袋公式 / 徐培源主编. -- 北京：北京理工大学出版社，2025.3.
ISBN 978-7-5763-5191-0

Ⅰ．TN911.6

中国国家版本馆 CIP 数据核字第 2025SQ1201 号

责任编辑：多海鹏		**文案编辑**：多海鹏	
责任校对：周瑞红		**责任印制**：李志强	

出版发行 / 北京理工大学出版社有限责任公司
社　　址 / 北京市丰台区四合庄路 6 号
邮　　编 / 100070
电　　话 /（010）68944451（大众售后服务热线）
　　　　　（010）68912824（大众售后服务热线）
网　　址 / http://www.bitpress.com.cn

版 印 次 / 2025 年 3 月第 1 版第 1 次印刷
印　　刷 / 三河市良远印务有限公司
开　　本 / 889 mm×1194 mm　1/64
印　　张 / 3
字　　数 / 117 千字
定　　价 / 19.80 元

图书出现印装质量问题，请拨打售后服务热线，负责调换

前 言

大家好,我是小马哥,是六年前在暴雨中冲刺图书馆的考研人,而今是陪你们并肩作战的"摆渡人"。这本浸透掌心温度的口袋公式,不是冰冷的公式集合,而是我用整整两年时光重新梳理的"生存指南"——绝大部分公式都标注着重要程度,每个推导步骤都积聚着深夜复盘时的心跳声。

今天我带着2.0版口袋公式杀回来了!这次直接掀翻天花板——这本口袋公式包含了所有的高频公式+冷门杀手锏,连公式缝里的血泪经验都给你们刨出来了!每次看到你们用我整理的秘籍杀出重围,比我自己上岸还燃!

只拜托诸君一事:待到来年春暖花开,若在实验室里听见有人为傅里叶变换发愁,请把这份带着你体温的手册轻轻推过去。须知我们今日所有的从容,都始于某个陌生人曾经的慷慨。

欢迎扫描下方二维码提交所发现的任何问题,我会对整本书持续进行勘误和更新迭代!

——陪你上岸的通信小马哥

目 录

第一章　数理知识 ··· 1

  1.1　三角函数公式 ··· 1

    1.1.1　和差角公式 ··· 1

    1.1.2　辅助角公式 ··· 1

    1.1.3　和差化积、积化和差公式 ··· 2

    1.1.4　倍角公式、降幂公式 ·· 3

  1.2　复变函数基础 ··· 3

    1.2.1　复变函数积分的定义 ·· 3

    1.2.2　欧拉公式 ·· 4

    1.2.3　欧拉公式（逆向） ·· 4

    1.2.4　复数的共轭 ··· 4

    1.2.5　复数模值（振幅）和相角（相位） ··························· 4

    1.2.6　复数的基本运算 ·· 5

  1.3　不等式总结 ·· 6

  1.4　泊松积分、高斯积分 ·· 7

  1.5　正交函数 ··· 8

    1.5.1　两个函数正交的条件 ·· 8

    1.5.2　正交函数集 ··· 8

    1.5.3　正交复变函数集 ·· 9

1.6 信号周期性的判断 ········· 10
1.7 泰勒级数展开公式 ········· 12

第二章 常见信号及其分类 ········· 14
2.1 连续时间信号 ········· 14
2.1.1 典型连续信号 ········· 14
2.1.2 抽样信号 ········· 15
2.1.3 奇异信号 ········· 17
2.1.4 单位冲激信号的基本性质 ········· 19
2.1.5 冲激偶信号的基本性质 ········· 21
2.1.6 信号的基本运算 ········· 23
2.1.7 信号的分解 ········· 24
2.1.8 连续时间信号的微分运算 ········· 26
2.2 离散时间信号 ········· 26
2.2.1 离散时间信号的运算 ········· 26
2.2.2 典型离散信号 ········· 28
2.2.3 离散时间单位冲激信号的基本性质 ········· 29
2.3 能量信号与功率信号 ········· 30
2.3.1 求解公式 ········· 30
2.3.2 能量守恒、帕塞瓦尔定理和内积不变性 ········· 30
2.3.3 能量谱密度函数（通常用于分析非周期性信号）········· 31
2.3.4 功率谱密度函数（通常用于分析周期性信号）········· 31
2.3.5 功率守恒 ········· 31
2.4 连续与离散信号特点的分析 ········· 32

- 2.4.1 连续与离散的区别 · 32
- 2.4.2 $\delta(t)$ 与 $\delta(n)$ 的区别 · 33
- 2.4.3 离散信号 $\sin(\omega_0 n)$ 与连续信号 $\sin(\Omega_0 t)$ 的关系与区别 · 33

第三章 LTI 系统及响应求解 · 34

- 3.1 连续时间系统的时域分析 · 34
  - 3.1.1 时域求解系统响应的方法 · 34
  - 3.1.2 微分方程的建立 · 35
  - 3.1.3 连续信号的零输入响应与零状态响应 · · · · · · · 38
  - 3.1.4 起始点的跳变 · 39
  - 3.1.5 单位冲激响应 $h(t)$ · 39
  - 3.1.6 连续信号的卷积积分及其性质 · · · · · · · · · · · · · · 40
  - 3.1.7 【连续域】常见信号的卷积 · · · · · · · · · · · · · · · · · · 42
  - 3.1.8 两个时限信号的卷积（矩形卷积重要结论） · · · 43
- 3.2 离散时间系统的时域分析 · 44
  - 3.2.1 时域求解系统响应的方法 · 44
  - 3.2.2 差分方程的建立 · 44
  - 3.2.3 离散信号的零输入响应与零状态响应 · · · · · · · 47
  - 3.2.4 离散时间系统的单位样值响应 $h(n)$ · · · · · · · · 47
  - 3.2.5 离散信号的卷积和及其性质 · · · · · · · · · · · · · · · · 48
  - 3.2.6 【离散域】常见信号卷积和 · · · · · · · · · · · · · · · · · · 49
  - 3.2.7 系统六性的判断 · 50
- 3.3 线性时不变系统的基本特性 · 51

第四章 连续 & 离散时间信号与系统的频域分析 ·········· 52

4.1 连续时间信号的傅里叶级数 ·········· 52
4.1.1 周期信号的傅里叶级数表示 ·········· 52
4.1.2 单边谱和双边谱的画法 ·········· 53
4.1.3 连续傅里叶级数的性质 ·········· 56
4.1.4 周期信号波形对称性与傅里叶级数系数的关系 ·········· 58
4.1.5 傅里叶有限级数与最小方均误差 ·········· 59

4.2 连续非周期信号的频域分析 ·········· 60
4.2.1 傅里叶变换的定义 ·········· 60
4.2.2 傅里叶变换的表示 ·········· 61
4.2.3 傅里叶变换存在的条件 ·········· 61
4.2.4 典型信号的傅里叶变换对 ·········· 62

4.3 连续时间傅里叶变换的主要性质 ·········· 65

4.4 连续时间周期信号的傅里叶变换 ·········· 69

4.5 功率信号与能量信号 ·········· 70

4.6 连续采样信号的傅里叶变换与采样定理 ·········· 72
4.6.1 信号最高频率 ·········· 72
4.6.2 采样信号 $f_s(t)$ 及其频谱 ·········· 74
4.6.3 采样定理 ·········· 75

4.7 离散时间时域分析 ·········· 76
4.7.1 离散时间傅里叶级数（DFS）的定义 ·········· 76
4.7.2 非周期序列的离散时间傅里叶变换的定义 ·········· 79

4.8 线性时不变系统的频率响应 ·········· 84

	4.8.1	线性时不变系统对复指数信号的响应	84
	4.8.2	线性时不变系统对傅里叶级数表示式的响应	84
	4.8.3	一般非周期信号经过系统的响应	84

4.9 系统无失真传输条件 ····· 85
4.10 理想低通滤波器的特性 ····· 87
4.11 调制解调 ····· 88
4.12 带通信号经过带通滤波器的常用结论 ····· 91
4.13 带宽 ····· 92
4.13.1 滤波器的带宽(通带的宽度,绝对带宽) ····· 92
4.13.2 3 dB 带宽、半功率点带宽(正频率部分) ····· 93
4.13.3 第一过零点带宽 ····· 95
4.14 相关 ····· 96
4.14.1 自相关与互相关 ····· 96
4.14.2 相关与卷积的关系 ····· 97
4.14.3 能量谱与功率谱(维纳-辛钦定理) ····· 97
4.14.4 离散序列的相关 ····· 98
4.14.5 信号经过线性时不变系统后输出的自相关函数、能量谱密度和功率谱密度 ····· 99
4.15 系统的物理可实现性(佩利-维纳准则) ····· 99
4.16 利用希尔伯特变换研究系统函数的约束特性 ····· 99

第五章 拉普拉斯变换 ····· 101
5.1 拉普拉斯变换的概念 ····· 101
5.1.1 定义及收敛域 ····· 101

- 5.1.2 双边拉普拉斯变换的性质 ………………… 103
- 5.1.3 单边拉普拉斯变换的基本性质 …………… 104
- 5.1.4 拉普拉斯逆变换常用公式 ………………… 106
- 5.1.5 常见信号的拉普拉斯变换 ………………… 107
- 5.1.6 有始周期信号的拉普拉斯变换 …………… 110
- 5.2 系统函数 $H(s)$ …………………………………… 110
  - 5.2.1 系统函数 $H(s)$ 的定义 ………………… 110
  - 5.2.2 系统函数 $H(s)$ 的求法 ………………… 110
  - 5.2.3 $H(s)$ 的一般表示形式及其零、极点分布图… 111
  - 5.2.4 系统函数 $H(s)$ 的零、极点分布与系统分析… 113
- 5.3 部分分式展开法结合高数法、留数定理 ………… 115
  - 5.3.1 部分分式展开法 …………………………… 115
  - 5.3.2 留数定理 …………………………………… 117
  - 5.3.3 特征输入(特征函数)与正弦稳态法 …… 118
- 5.4 梅森公式与信号流图 ………………………………… 119
- 5.5 罗斯准则(罗斯阵列) ……………………………… 120
  - 5.5.1 判断前提条件 ……………………………… 120
  - 5.5.2 罗斯阵列判断 ……………………………… 120
- 5.6 傅里叶变换与拉普拉斯变换的关系 ……………… 122
  - 5.6.1 $F(s)$ 和 $F(j\omega)$ 的关系 ……………… 122
  - 5.6.2 单边拉普拉斯变换、双边拉普拉斯变换、傅里叶变换的关系图 …………………………… 123

第六章　z 变换 · **124**

6.1　z 变换的概念 · 124

6.1.1　z 变换的定义 · 124

6.1.2　z 变换的性质 · 124

6.1.3　典型序列的 z 变换及收敛域 · · · · · · · · · · · · · · · · · 127

6.1.4　其他重要公式 · 130

6.2　离散时间系统的 z 域分析 · 130

6.2.1　判断系统的稳定性 · 131

6.2.2　判断系统的因果性 · 132

6.2.3　分析系统的频率响应特性 · 132

6.2.4　利用频率响应特性可求出正弦稳态响应 · · · · · · · 133

6.2.5　朱里准则 · 133

6.3　长除法 · 135

6.4　z 域与 s 域的关系 · 137

6.4.1　z 变换与拉普拉斯变换的关系 · · · · · · · · · · · · · · · · · 137

6.4.2　$z \sim s$ 平面的映射关系 · 137

6.4.3　傅里叶变换、拉普拉斯变换、z 变换的关系图 · · · 138

第七章　系统的状态变量分析 · **139**

7.1　连续时间系统 · 139

7.1.1　由状态方程求出特征矩阵 · 139

7.1.2　状态转移矩阵 e^{At} · 139

7.1.3　$\varphi(t) = e^{At}$ 的性质 · 140

7.1.4　连续系统状态方程的拉氏变换解 · · · · · · · · · · · · · · 140

7.2 离散时间系统 ·············· 141
7.2.1 由状态方程求出特征矩阵 ·············· 141
7.2.2 离散系统状态转移矩阵 A^n ·············· 141
7.2.3 离散系统状态方程的 z 变换解 ·············· 142
7.3 离散与连续系统状态方程与输出方程 ·············· 142
7.4 离散与连续系统状态方程时域解 ·············· 143
7.5 根据状态方程判断系统的稳定性 ·············· 144
7.6 系统的可控制性与可观测性 ·············· 144
7.6.1 可控性 ·············· 144
7.6.2 可观性 ·············· 144
7.6.3 可控性和可观性与系统转移函数之间的关系 ··· 145
7.7 全通系统和最小相位系统 ·············· 145
7.7.1 全通系统 ·············· 145
7.7.2 最小相位系统 ·············· 146

第八章 电路基础 ·············· **148**
8.1 常见元器件 ·············· 148
8.2 电路基本规律 ·············· 150
8.2.1 三大定律 ·············· 150
8.2.2 电路元件的 s 域模型（约束关系）·············· 151
8.3 叠加定理和节点电压法 ·············· 152
8.3.1 叠加定理 ·············· 152
8.3.2 节点电压法 ·············· 152
8.4 电功、电功率和焦耳定律 ·············· 153

8.5 戴维南定理与诺顿定理 · 153
8.5.1 戴维南定理 · 153
8.5.2 诺顿定理 · 154
8.6 关于电阻和导纳的串并联（串联分压，并联分流）· 154
8.7 互感解耦合 · 155
8.7.1 同名端解耦合 · 155
8.7.2 异名端解耦合 · 156

第九章 常见定义及简答题 · **157**

9.1 信号的定义与分类 · 157
9.1.1 信号的定义 · 157
9.1.2 信号的分类 · 157
9.2 连续与离散信号分析的区别 · 158
9.3 系统的定义与分类 · 158
9.3.1 系统的定义 · 158
9.3.2 系统的分类 · 158
9.4 起始点的跳变 · 159
9.5 连续时间系统的单位冲激响应 $h(t)$ · 160
9.6 离散时间系统的单位样值响应 $h(n)$ · 161
9.7 连续与离散时间系统分析的特点 · 161
9.7.1 连续与离散时间系统的特点 · 161
9.7.2 傅里叶级数的收敛（狄里赫利条件）· 163
9.8 周期信号的幅度谱和相位谱 · 163
9.9 功率信号与能量信号 · 164

- 9.9.1 功率信号和功率谱 ············· 164
- 9.9.2 能量信号和能量谱 ············· 165

9.10 线性时不变系统的频率响应 — 166
- 9.10.1 系统函数 ··················· 166
- 9.10.2 线性时不变系统对复指数信号的响应 ··· 166
- 9.10.3 线性时不变系统对傅里叶级数表示式的响应 ··· 167
- 9.10.4 一般非周期信号经过系统的响应 ······ 167

9.11 带宽 — 168
- 9.11.1 定义 ······················ 168
- 9.11.2 系统的带宽 ················· 168
- 9.11.3 信号的带宽 ················· 169

9.12 相关 — 170
- 9.12.1 自相关与互相关 ············· 170
- 9.12.2 相关与卷积的关系 ··········· 171
- 9.12.3 相关定理 ··················· 172
- 9.12.4 信号经过线性时不变系统后输出的自相关函数和能量谱密度 ··· 172
- 9.12.5 离散序列的相关 ············· 172

9.13 系统的可控性与可观性 — 172
- 9.13.1 可控性 ···················· 172
- 9.13.2 可观性 ···················· 173
- 9.13.3 可控性和可观性与系统转移函数之间的关系 ··· 173

9.14 全通系统和最小相位系统 — 174

第一章 数理知识

1.1 三角函数公式

1.1.1 和差角公式

$$\sin(\alpha+\beta) = \sin\alpha\cos\beta + \cos\alpha\sin\beta$$
$$\sin(\alpha-\beta) = \sin\alpha\cos\beta - \cos\alpha\sin\beta$$
$$\cos(\alpha+\beta) = \cos\alpha\cos\beta - \sin\alpha\sin\beta$$
$$\cos(\alpha-\beta) = \cos\alpha\cos\beta + \sin\alpha\sin\beta$$

小马哥 Tips

要求必会,考研会考。

真题实战 《信号与系统考研真题精析 960 题》(简称《960 题》) 4-3-6。

1.1.2 辅助角公式

$$y = a\sin x + b\cos x = \sqrt{a^2+b^2}\sin(x+\varphi)$$

其中 $\varphi = \arctan\dfrac{b}{a}$。

小马哥 Tips

要求掌握,考研会考,但考查频次不高。

1.1.3 和差化积、积化和差公式

(1) 和差化积公式

$$\sin\alpha + \sin\beta = 2\sin\left(\frac{\alpha+\beta}{2}\right)\cos\left(\frac{\alpha-\beta}{2}\right)$$

$$\sin\alpha - \sin\beta = 2\cos\left(\frac{\alpha+\beta}{2}\right)\sin\left(\frac{\alpha-\beta}{2}\right)$$

$$\cos\alpha + \cos\beta = 2\cos\left(\frac{\alpha+\beta}{2}\right)\cos\left(\frac{\alpha-\beta}{2}\right)$$

$$\cos\alpha - \cos\beta = -2\sin\left(\frac{\alpha+\beta}{2}\right)\sin\left(\frac{\alpha-\beta}{2}\right)$$

小马哥 Tips

了解即可,考查频次不高。

(2) 积化和差公式

$$\sin\alpha\cos\beta = \frac{1}{2}\left[\sin(\alpha+\beta) + \sin(\alpha-\beta)\right]$$

$$\cos\alpha\sin\beta = \frac{1}{2}\left[\sin(\alpha+\beta) - \sin(\alpha-\beta)\right]$$

$$\cos\alpha\cos\beta = \frac{1}{2}\left[\cos(\alpha+\beta) + \cos(\alpha-\beta)\right]$$

$$\sin\alpha\sin\beta = -\frac{1}{2}\left[\cos(\alpha+\beta) - \cos(\alpha-\beta)\right]$$

小马哥 Tips

要求必会,考研会考,一般出现在调制解调的题目中,掌握后在时域化简时可事半功倍。

真题实战 《960 题》1-1-13、1-1-15。

1.1.4 倍角公式、降幂公式

$$\sin(2\alpha) = 2\sin\alpha\cos\alpha$$

$$\cos(2\alpha) = \cos^2\alpha - \sin^2\alpha = 2\cos^2\alpha - 1 = 1 - 2\sin^2\alpha$$

$$\sin^2\alpha = \frac{1}{2}\left[1 - \cos(2\alpha)\right]$$

$$\cos^2\alpha = \frac{1}{2}\left[1 + \cos(2\alpha)\right]$$

小马哥 Tips

要求必会，考研会考，一般出现在调制解调的题目中，掌握后在时域化简时可事半功倍。

真题实战 《960 题》1-1-12。

1.2 复变函数基础

1.2.1 复变函数积分的定义

(1) 代数式

$$z = a + jb$$

(2) 三角式

$$z = A(\cos\varphi + j\sin\varphi)$$

(3) 指数式

$$z = Ae^{j\varphi}$$

1.2.2 欧拉公式

$$e^{j\omega} = \cos\omega + j\sin\omega$$

1.2.3 欧拉公式（逆向）

$$\sqrt{a^2+b^2}\,e^{j\arctan\frac{b}{a}} = a+jb,\ a>0$$

1.2.4 复数的共轭

$$z^* = a - jb$$

（在 jb 前面加负号，注：实数的共轭是其本身。）

1.2.5 复数模值（振幅）和相角（相位）

$$z = \sqrt{a^2+b^2}\,e^{j\arctan\frac{b}{a}} = a+jb\,(a>0)$$

则 z 的模值为 $\sqrt{a^2+b^2}$，z 的相角为 $\arctan\dfrac{b}{a}$。

此公式只在 $a>0$ 时成立，因为 $\arctan\dfrac{b}{a}$ 的值域为 $\left(-\dfrac{\pi}{2},\dfrac{\pi}{2}\right)$，只能处理第一象限和第四象限的相角，若相角在第二象限或第三象限，则先用 $e^{j\pi}$ 转化到第一或第四象限再进行处理，或用矢量作图法求解，否则会得出错误的结果。

举例：$1-j$ 和 $j-1$ 的相位用公式 $\arctan\dfrac{b}{a}$ 计算都是 $-\dfrac{\pi}{4}$，但是 $j-1$ 的相位实际是 $\dfrac{3\pi}{4}$。

总结公式（$\arg z$ 代表 z 的相位）：

$$\arg z = \begin{cases} \arctan\dfrac{b}{a}, & a > 0 \\[4pt] \dfrac{\pi}{2}, & a = 0,\text{且}\, b > 0 \\[4pt] -\dfrac{\pi}{2}, & a = 0,\text{且}\, b < 0 \\[4pt] \arctan\dfrac{b}{a} + \pi, & a < 0,\text{且}\, b \geqslant 0 \\[4pt] \arctan\dfrac{b}{a} - \pi, & a < 0,\text{且}\, b < 0 \end{cases}$$

小马哥 Tips

太重要了！出错率极高。

1.2.6 复数的基本运算

$$A_1 = a + \mathrm{j}b,\ A_2 = m + \mathrm{j}n$$

$$\frac{A_1}{A_2} = \frac{a + \mathrm{j}b}{m + \mathrm{j}n} = \frac{\sqrt{a^2 + b^2}}{\sqrt{m^2 + n^2}} \mathrm{e}^{\mathrm{j}\arctan\frac{b}{a} - \mathrm{j}\arctan\frac{n}{m}}$$

小马哥 Tips

此处为复变函数的基础，也是整个信号与系统考研的基础。

1.3 不等式总结

#	不等式	变形公式	注意
1	$a^2+b^2 \geqslant 2ab$ （$a,b \in \mathbf{R}$）	$ab \leqslant \dfrac{a^2+b^2}{2}$	当且仅当 $a=b$时取到 等号
2	$\dfrac{a+b}{2} \geqslant \sqrt{ab}$ （$a>0,b>0$）	$a+b \geqslant 2\sqrt{ab}$， $ab \leqslant \left(\dfrac{a+b}{2}\right)^2$	当且仅当 $a=b$时取到 等号
3	$\dfrac{a+b+c}{3} \geqslant \sqrt[3]{abc}$ （$a>0,b>0,c>0$）	—	当且仅当 $a=b=c$时 取到等号
4	$a^2+b^2+c^2 \geqslant ab+bc+ac$ （$a,b \in \mathbf{R}$）	—	当且仅当 $a=b=c$时 取到等号
5	$a^3+b^3+c^3 \geqslant 3abc$ （$a>0,b>0,c>0$）	—	当且仅当 $a=b=c$时 取到等号
6	若$ab>0$，则 $\dfrac{b}{a}+\dfrac{a}{b} \geqslant 2$	—	当且仅当 $a=b$时取到 等号
7	若$ab<0$，则 $\dfrac{b}{a}+\dfrac{a}{b} \leqslant -2$	—	当且仅当 $a=b$时取到 等号

续表

#	不等式	变形公式	注意
8	$\dfrac{b}{a} < \dfrac{b+m}{a+m} < 1 < \dfrac{a+n}{b+n} < \dfrac{a}{b}$ ($a>b>0$, $m>0$, $n>0$)	—	—
9	当 $a>0$ 时, $\|x\|>a \Leftrightarrow x^2>a^2 \Leftrightarrow x<-a$ 或 $x>a$ $\|x\|<a \Leftrightarrow x^2<a^2 \Leftrightarrow -a<x<a$	—	—
10	$\|a\|-\|b\| \leqslant \|a \pm b\| \leqslant \|a\|+\|b\|$	—	—

小马哥 Tips

第 3~10 行不等式的考查频次极低，没时间可以不看，中国科学院大学在 2023 年考了第 2 行的不等式，均值不等式在求幅频特性的极值时有奇效。

真题实战 《960 题》5-1-13、11-8-2。

1.4 泊松积分、高斯积分

泊松积分：

$$\int_0^\infty e^{-Ax^2} dx = \frac{\sqrt{\pi}}{2\sqrt{A}}$$

高斯积分：

$$\int_{-\infty}^\infty e^{-t^2} dt = \sqrt{\pi}$$

小马哥 Tips

中国科学技术大学在 2023 年出的几道题都是利用的这两个公式！要求掌握，其他院校可不看。

真题实战 《960 题》1-4-24。

1.5 正交函数

1.5.1 两个函数正交的条件

两个函数正交的条件：杂交为 0，自身的内积（模的平方）不为 0。

$$\int_0^T f_1(t) f_2^*(t) \, \mathrm{d}t = 0$$

$$\int_0^T f_1(t) f_1^*(t) \, \mathrm{d}t \neq 0$$

$$\int_0^T f_2(t) f_2^*(t) \, \mathrm{d}t \neq 0$$

小马哥 Tips

在 2023 年考研中很多院校考查了这个概念，要求证明，必会。

真题实战 《960 题》11-5-18。

1.5.2 正交函数集

正交函数集：在某一时间段的信号可以利用完备正交函数集的各个分量的线性组合来表示。

①若有定义在区间 (t_1, t_2) 的两个实数函数 $\varphi_1(t)$ 和 $\varphi_2(t)$，满足

$$\int_{t_1}^{t_2} \varphi_1(t)\varphi_2(t)\mathrm{d}t = 0$$

则称 $\varphi_1(t)$ 和 $\varphi_2(t)$ 在区间 (t_1, t_2) 内正交。

②若有 n 个实数函数 $\varphi_1(t)$, $\varphi_2(t)$, …, $\varphi_n(t)$ 构成一个函数集，当这些函数在区间 (t_1, t_2) 内满足

$$\int_{t_1}^{t_2} \varphi_i(t)\varphi_j(t)\mathrm{d}t = \begin{cases} 0, & i \neq j \\ K_i \neq 0, & i = j \end{cases}$$

则此函数集称为正交函数集。

1.5.3 正交复变函数集

正交复变函数集：在某一时间段的信号可以利用完备正交复变函数集的各个分量的线性组合来表示。

若

$$\int_{t_1}^{t_2} \varphi_i(t)\varphi_j^*(t)\mathrm{d}t = \begin{cases} 0, & i \neq j \\ K_i \neq 0, & i = j \end{cases}$$

则此复变函数集称为正交复变函数集。

📢
小马哥 Tips

院校一般不会考查此概念，但是很多院校经常会出一些比较偏的知识点，建议仍要学习此知识。

真题实战　《960 题》11-5-19。

1.6 信号周期性的判断

信号周期性的判断:

#	连续	离散
复指数函数的周期性（欧拉公式）	$e^{j\omega_0 t}$ 的周期为 $\frac{2\pi}{\omega_0}$。若两个信号相加 $f_1(t)+f_2(t)$，其中 $f_1(t)$ 的周期为 T_1，$f_2(t)$ 的周期为 T_2，则相加后的周期为 T_1 和 T_2 的最小公倍数	$e^{j\omega_0 n}$ 的周期存在需要 $\frac{2\pi}{\omega_0}$ 为有理数（两个整数的比），若 $\frac{2\pi}{\omega_0}=\frac{N}{m}$，则周期为 N，可以理解为找 $\frac{N}{m}$ 和 1 的最小公倍数。若两个信号相加 $f_1(n)+f_2(n)$，其中 $f_1(n)$ 的周期为 N_1，$f_2(n)$ 的周期为 N_2，则相加后的周期为 N_1 和 N_2 的最小公倍数

正弦序列周期性的判别:

若 $\frac{2\pi}{\omega_0}=N$，N 为正整数，则 $\sin(\omega_0 n)$ 为周期的序列;

若 $\frac{2\pi}{\omega_0}=\frac{N}{m}$，$N$，$m$ 均为正整数，则 $\frac{N}{m}$ 为有理数，$\sin(\omega_0 n)$ 仍为周期的序列;

若 $\frac{2\pi}{\omega_0}$ 为无理数，则 $\sin(\omega_0 n)$ 为非周期的序列。

小马哥 Tips

有理数是指两个整数的比,有理数是整数和分数的集合。无理数是指在实数范围内不能表示成两个整数之比的数。

Q1:什么是基波周期?

任何一个满足狄里赫利条件的信号,都可以表示成基波分量和无数谐波分量的正余弦信号相加,其中最长周期(也就是频率最小)的那个分量叫作基波,它的周期就是基波周期。

小马哥 Tips

必考,教材上有很多课后题,练几道题即可,难度不大,无须死记硬背。

Q2:什么是倍数?

一个整数能够被另一个整数整除,这个整数就是另一个整数的倍数。如 15 能够被 3 和 5 整除,因此 15 是 3 的倍数,也是 5 的倍数。

Q3:什么是最小公倍数?

两个或多个整数公有的倍数叫作它们的公倍数,其中除 0 以外最小的一个公倍数就叫作这几个整数的最小公倍数。

小马哥 Tips

别笑!很多同学真的不懂什么是最小公倍数,比如认为 2 和 π 的最小公倍数是 2π,但 2π 不是 2 的整数倍,所以这种认为是错误的。

1.7 泰勒级数展开公式

① $e^x = 1 + x + \dfrac{x^2}{2!} + \cdots + \dfrac{x^n}{n!} + o(x^n)$；

② $\sin x = x - \dfrac{x^3}{3!} + \dfrac{x^5}{5!} + \cdots + (-1)^n \dfrac{x^{2n+1}}{(2n+1)!} + o(x^{2n+1})$；

③ $\cos x = 1 - \dfrac{x^2}{2!} + \dfrac{x^4}{4!} + \cdots + (-1)^n \dfrac{x^{2n}}{(2n)!} + o(x^{2n})$；

④ $\ln(1+x) = x - \dfrac{x^2}{2} + \dfrac{x^3}{3} + \cdots + (-1)^{n-1} \dfrac{x^n}{n} + o(x^n)$；

⑤ $(1+x)^\alpha = 1 + \alpha x + \dfrac{\alpha(\alpha-1)}{2!} x^2 + \cdots + \dfrac{\alpha(\alpha-1)\cdots(\alpha-n+1)}{n!} x^n + o(x^n)$；

⑥ $\dfrac{1}{1-x} = 1 + x + x^2 + \cdots + x^n + o(x^n)$。

例题：

1. 求 $\dfrac{1}{n!}$ 的单边 z 变换。

解析：

$$\sum_{n=0}^{\infty} \dfrac{1}{n!} z^{-n} = 1 + z^{-1} + \dfrac{1}{2!} z^{-2} + \dfrac{1}{3!} z^{-3} + \cdots = e^{\frac{1}{z}}$$

2. 求 $\sum_{k=0}^{n} \dfrac{a^k}{k!}$ 的 z 变换。

解析：

先算 $\dfrac{1}{n!} u(n)$ 的 z 变换。

$$\sum_{n=-\infty}^{\infty}\frac{1}{n!}u(n)z^{-n}=1+z^{-1}+\frac{1}{2!}z^{-2}+\frac{1}{3!}z^{-3}+\cdots=\mathrm{e}^{\frac{1}{z}}$$

由 z 域尺度变换的性质可得

$$\frac{a^n}{n!}u(n)\leftrightarrow \mathrm{e}^{\frac{a}{z}}$$

根据卷积的定义

$$\sum_{k=0}^{n}\frac{a^k}{k!}=\frac{a^n}{n!}u(n)*u(n)\leftrightarrow F(z)=\frac{1}{1-z^{-1}}\mathrm{e}^{\frac{a}{z}}$$

则

$$f(k)=\sum_{k=0}^{n}\frac{a^k}{k!}\leftrightarrow F(z)=\frac{z}{z-1}\mathrm{e}^{\frac{a}{z}}$$

📣:

小马哥 Tips

这个知识点的确会考,且不超纲,掌握给出的这两道例题即可!

真题实战 《960 题》7-2-38、7-2-39。

第二章 常见信号及其分类

2.1 连续时间信号

2.1.1 典型连续信号

#	信号类别	表达式
1	实指数信号	$f(t)=Ae^{at},\ a\in \mathbf{R}$
2	复指数信号	$f(t)=Ke^{st}=Ke^{(\sigma+j\omega)t}$ 其中 $s=\sigma+j\omega$ 称为复频率
3	双边指数信号	$f(t)=Ke^{-a\lvert t\rvert}$
4	单边指数信号	$f(t)=K\cdot e^{-at}u(t)$
5	正弦信号	$f(t)=K\sin(\omega t+\theta)$
6	钟形信号（高斯函数）	$f(t)=Ee^{-\left(\frac{t}{\tau}\right)^2}$
7	三角波信号	$Etri_{2\tau}(t)=E\left(1-\frac{\lvert t\rvert}{\tau}\right)G_{2\tau}(t)$
8	抽样信号	$\mathrm{Sa}(t)=\dfrac{\sin t}{t}$

小马哥 Tips

熟悉即可,一般要求背拉普拉斯变换对,不会在这里考查。

2.1.2 抽样信号

①函数的表达式。

$$Sa(t) = \frac{\sin t}{t}$$

②函数的波形。

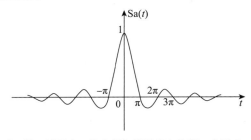

频带宽度:第一过零点,为右侧与横轴相交的第一个零点,也是频带宽度。

③函数的基本性质。

#	基本性质
1	偶函数，$\mathrm{Sa}(-t)=\mathrm{Sa}(t)$
2	$t=0$，$\mathrm{Sa}(t)=1$，即 $\lim\limits_{t\to 0}\mathrm{Sa}(t)=1$
3	$\mathrm{Sa}(t)=0$，$t=\pm n\pi$，$n=1,2,3,\cdots$
4	$\int_{0}^{\infty}\dfrac{\sin t}{t}\mathrm{d}t=\dfrac{\pi}{2}$，$\int_{-\infty}^{\infty}\dfrac{\sin t}{t}\mathrm{d}t=\pi$
5	$\lim\limits_{t\to\pm\infty}\mathrm{Sa}(t)=0$
6	$\mathrm{sinc}(t)=\dfrac{\sin(\pi t)}{\pi t}$

小马哥 Tips

重要，要求熟练掌握，并会画图，尤其是第 1，2，3 条；

$\dfrac{\sin x}{x}$ 的定积分称作正弦积分，其符号为 $\mathrm{Si}(y)$，即

$$\mathrm{Si}(y)=\int_{0}^{y}\dfrac{\sin x}{x}\mathrm{d}x$$

$\dfrac{\sin x}{x}$ 与 $\mathrm{Si}(y)$ 的图像如图所示。

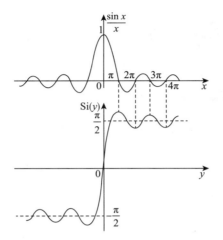

2.1.3 奇异信号

#	信号种类	表达式	图形
1	斜变信号（斜坡信号或斜升信号）	$R(t)=\begin{cases}0, & t<0 \\ t, & t\geq 0\end{cases}$	

续表

#	信号种类	表达式	图形
2	单位阶跃信号	$u(t)=\begin{cases}0, & t<0 \\ 1, & t>0\end{cases}$ $t=0$ 处无定义或规定 $u(0)=\dfrac{1}{2}$	
3	单位门信号	$G_\tau(t)=u\left(t+\dfrac{\tau}{2}\right)-u\left(t-\dfrac{\tau}{2}\right)$	
4	单位冲激信号	$\delta(t)=\lim\limits_{\Delta\to 0}\dfrac{1}{\Delta}\cdot\left[u\left(t+\dfrac{\Delta}{2}\right)-u\left(t-\dfrac{\Delta}{2}\right)\right]$ 或 $\begin{cases}\int_{-\infty}^{\infty}\delta(t)\mathrm{d}t=1 \\ \delta(t)=0\,(t\neq 0)\end{cases}$	

续表

#	信号种类	表达式	图形
5	冲激偶信号	$\delta'(t) = \dfrac{\mathrm{d}[\delta(t)]}{\mathrm{d}t}$ $\delta(t) = \int_{-\infty}^{t} \delta'(\tau)\mathrm{d}\tau$ （冲激信号的导数，是一个奇函数，它的宽度和面积都为零）	
6	符号函数	$\mathrm{sgn}(t) = \begin{cases} 1, & t > 0 \\ -1, & t < 0 \end{cases}$ 或 $\mathrm{sgn}(t) = 2u(t) - 1$	

2.1.4 单位冲激信号的基本性质

#	基本性质	内容
1	归一性	$\int_{-\infty}^{\infty} \delta(t)\mathrm{d}t = 1$
2	筛选(分)性	$x(t)\delta(t) = x(0)\delta(t)$ $x(t)\delta(t-t_0) = x(t_0)\delta(t-t_0)$

续表

#	基本性质	内容
3	抽样性	$\int_{-\infty}^{\infty} x(t)\delta(t)\mathrm{d}t = x(0)$ $\int_{-\infty}^{\infty} x(t)\delta(t-t_0)\mathrm{d}t = x(t_0)$ $f(t)\sum_{n=-\infty}^{\infty}\delta(t-nT) = \sum_{n=-\infty}^{\infty} f(nT)\delta(t-nT)$
4	偶函数	$\delta(-t) = \delta(t)$
5	尺度变换	$\delta(at) = \dfrac{1}{|a|}\delta(t)$,其中 a 为常数 $\delta(at+b) = \dfrac{1}{|a|}\delta\left(t+\dfrac{b}{a}\right)$,其中 a,b 为常数
6	卷积性	$x(t) * \delta(t-t_0) = x(t-t_0)$
7	积分性	$u(t) = \int_{-\infty}^{t}\delta(\tau)\mathrm{d}\tau$ $x(t) * u(t) = \int_{-\infty}^{t} x(\tau)\mathrm{d}\tau$ $x(t)u(t) * u(t) = \int_{0}^{t} x(\tau)\mathrm{d}\tau$
8	微分特性	$\delta'(t) = \dfrac{\mathrm{d}}{\mathrm{d}t}[\delta(t)]$ $x(t) * \delta'(t) = x'(t)$

续表

#	基本性质	内容
9	复合函数化简性质	$\delta[f(t)] = \sum_{i=1}^{n} \dfrac{1}{\|f'(t_i)\|} \delta(t-t_i)$ 其中 $t_i\,(i=1,2,\cdots,n)$ 为 $f(t)=0$ 的 n 个不相等的实根 **真题实战** 《960 题》1-2-22。

2.1.5 冲激偶信号的基本性质

#	基本性质	内容
1	积分性	$\int_{-\infty}^{\infty} \delta'(t)\mathrm{d}t = 0$ $\delta(t) = \int_{-\infty}^{t} \delta'(\tau)\mathrm{d}\tau$
2	筛选（分）性	$f(t)\delta'(t) = f(0)\delta'(t) - f'(0)\delta(t)$ $f(t)\delta'(t-t_0) = f(t_0)\delta'(t-t_0) - f'(t_0)\delta(t-t_0)$ **真题实战** 《960 题》1-2-16。
3	抽样性	$\int_{-\infty}^{\infty} f(t)\delta'(t)\mathrm{d}t = -f'(0)$ $\int_{-\infty}^{\infty} f(t)\delta'(t-t_0)\mathrm{d}t = -f'(t_0)$
4	奇函数	$\delta'(-t) = -\delta'(t)$

续表

#	基本性质	内容
5	尺度变换	$\delta'(at) = \dfrac{1}{a \cdot \|a\|}\delta'(t)$, a 为常数 推导方式：对 $\delta(at) = \dfrac{1}{\|a\|}\delta(t)$ 两边同时求微分
6	卷积性质	$x(t) * \delta'(t) = \dfrac{\mathrm{d}[x(t)]}{\mathrm{d}t}$
7	微分性质	$\delta^{(k)}(t) = \dfrac{\mathrm{d}^k}{\mathrm{d}t^k}[\delta(t)]$

📢:

小马哥 Tips

①一般情况下（仅是奥本海姆版教材），当 $k > 0$ 时，$u_k(t)$ 就是 $\delta(t)$ 的 k 次导数，$u_0(t) = u(t)$，$u_1(t) = \delta'(t)$，$u_{-1}(t) = u(t)$。

真题实战 《960题》1-2-15、1-2-17。

②熟练掌握 1，2，4，5 的关系：

单位斜变信号 $tu(t)$ $\xrightarrow{\text{求导}}$ 单位阶跃信号 $u(t)$ $\xrightarrow{\text{求导}}$ 单位冲激信号 $\delta(t)$ $\xrightarrow{\text{求导}}$ 冲激偶信号 $\delta'(t)$。

2.1.6 信号的基本运算

#	信号的基本运算	内容
1	平移	$f(t) \to f(t \pm t_0)$ 左 "+" 右 "−" t_0 个单位，不影响纵坐标
2	反转（反褶）	$f(t) \to f(-t)$ 沿纵轴左右反转，不影响纵坐标
3	尺度变换	$f(t) \to f(at)$ $0<a<1$ 扩展，$a>1$ 压缩，不影响纵坐标
4	加减法	$f(t) = x_1(t) \pm x_2(t)$
5	乘法	$f(t) = x_1(t) \cdot x_2(t)$
6	幅度加权	$f(t) = ax(t)$
7	微分	$\dfrac{\mathrm{d}[f(t)]}{\mathrm{d}t}$
8	积分	$\displaystyle\int_{-\infty}^{t} f(\tau)\,\mathrm{d}\tau$

📢:
小马哥 Tips

①信号运算的一切变换只针对 t 不同的运算次序，不影响最终的结果。

②尺度变换一般不影响纵坐标，但是冲激的尺度变换需要额外注意，会影响到纵坐标！

真题实战　《960 题》1-6-9、1-6-12。

2.1.7 信号的分解

#	分解方法	公式
1	直流分量与交流分量	$f(t) = f_D + f_A(t)$ 直流分量为信号的平均值：$f_D = \lim\limits_{T \to \infty} \dfrac{1}{2T} \int_{-T}^{T} f(t) \mathrm{d}t$
2	偶分量与奇分量	$f(t) = f_e(t) + f_o(t)$ $f_e(t) = \dfrac{1}{2}[f(t) + f(-t)]$ $f_o(t) = \dfrac{1}{2}[f(t) - f(-t)]$ $f_e(t) = f_e(-t)$，$f_o(t) = -f_o(-t)$
3	共轭对称分量	共轭对称分量： $f(t) = f^*(-t)$ $f_e(t) = \dfrac{1}{2}[f(t) + f^*(-t)]$ 共轭反对称分量： $f(t) = -f^*(-t)$ $f_o(t) = \dfrac{1}{2}[f(t) - f^*(-t)]$ 若$f(t)$为实数，则共轭对称分量等于偶分量，共轭反对称分量等于奇分量。信号里面$f(t)$基本都是实数

续表

#	分解方法	公式
4	脉冲分量	$f(t) \approx \sum_{t_1=-\infty}^{\infty} f(t_1)[u(t-t_1)-u(t-t_1-\Delta t_1)]$ $f(t) = \lim_{\Delta t_1 \to 0} \sum_{t_1=-\infty}^{\infty} f(t_1)\delta(t-t_1)\Delta t_1$ $= \int_{-\infty}^{\infty} f(t_1)\delta(t-t_1)\mathrm{d}t_1$
5	实部分量与虚部分量	$f(t) = f_r(t) + \mathrm{j}f_i(t)$ $f^*(t) = f_r(t) - \mathrm{j}f_i(t)$ $f_r(t) = \dfrac{1}{2}[f(t)+f^*(t)]$ $\mathrm{j}f_i(t) = \dfrac{1}{2}[f(t)-f^*(t)]$
6	正交函数分量	三角函数集分解： $f(t) = c_0 + \sum_{n=1}^{\infty} c_n \cos(n\omega_1 t + \varphi_n)$ 复指数函数集分解： $f(t) = \sum_{n=-\infty}^{\infty} F(n\omega_1)\mathrm{e}^{\mathrm{j}n\omega_1 t}$

📢：
小马哥 Tips

除了第4点，其他几点都要熟练掌握！

2.1.8 连续时间信号的微分运算

$$\frac{\mathrm{d}}{\mathrm{d}t}[u(t)] = \delta(t)$$

$$\frac{\mathrm{d}}{\mathrm{d}t}[x(t)u(t)] = \frac{\mathrm{d}}{\mathrm{d}t}[x(t)]u(t) + x(0)\delta(t)$$

2.2 离散时间信号

2.2.1 离散时间信号的运算

#	内容		表达式
1	前向差分	一阶前向差分	$\Delta x(n) = x(n+1) - x(n)$
		二阶前向差分	$\Delta^2 x(n) = \Delta[\Delta x(n)] = \Delta[x(n+1) - x(n)]$ $= x(n+2) - 2x(n+1) + x(n)$
		三阶前向差分	$\Delta^3 x(n) = \Delta[x(n+2) - 2x(n+1) + x(n)]$ $= x(n+3) - 3x(n+2) + 3x(n+1) - x(n)$
2	后向差分	一阶后向差分	$\nabla x(n) = x(n) - x(n-1)$
		二阶后向差分	$\nabla^2 x(n) = \nabla[\nabla x(n)]$ $= \nabla[x(n) - x(n-1)]$ $= x(n) - 2x(n-1) + x(n-2)$
		三阶后向差分	$\nabla^3 x(n) = \nabla[x(n) - 2x(n-1) + x(n-2)]$ $= x(n) - 3x(n-1) + 3x(n-2) - x(n-3)$

续表

#	内容	表达式
3	相加	$y(n) = x_1(n) + x_2(n)$
4	相乘	$y(n) = x_1(n) \cdot x_2(n)$
5	幅度加权	$y(n) = ax(n)$
6	反折	$y(n) = x(-n)$
7	时移	$y(n) = x(n - n_0)$
8	时域拓展	$x_k(n) = \begin{cases} x\left(\dfrac{n}{k}\right), & \text{若 } n \text{ 是 } k \text{ 的整数倍} \\ 0, & \text{若 } n \text{ 不是 } k \text{ 的整数倍} \end{cases}$
9	典型信号的差分	$\nabla u(n) = \delta(n)$ $\nabla n u(n) = u(n-1)$ $\nabla n^2 u(n) = (2n-1)u(n-1)$
10	典型信号的求和	$\sum_{m=-\infty}^{n} u(m) = (n+1)u(n)$ $\sum_{m=-\infty}^{n} m u(m) = \dfrac{1}{2}n(n+1)u(n)$ $\sum_{m=-\infty}^{n} a^m u(m) = \dfrac{1 - a^{n+1}}{1-a} u(n),\ a \neq 1$

📢:

小马哥 Tips

要求对上述表格内容至少要知道不同符号是什么意思。

2.2.2 典型离散信号

#	信号类别	表达式	图形
1	单位冲激序列	$\delta(n)=\begin{cases}0, & n\neq 0\\ 1, & n=0\end{cases}$	
2	单位阶跃序列	$u(n)=\begin{cases}1, & n\geqslant 0\\ 0, & n<0\end{cases}$	
3	矩形序列	$G_N(n)=\begin{cases}1, & 0\leqslant n\leqslant N-1\\ 0, & n<0\text{ 或 }n\geqslant N\end{cases}$	
4	单位斜变序列	$r(n)=nu(n)$	
5	单边指数序列	$x(n)=a^n u(n)$ $\begin{cases}0<a<1, & \text{恒为正,收敛序列}\\ a>1, & \text{恒为正,发散序列}\\ -1<a<0, & \text{正负相间,收敛序列}\\ a<-1, & \text{正负相间,发散序列}\end{cases}$	—

#	信号类别	表达式	图形
6	正弦序列	$x(n)=\sin(n\omega_0)$ 或 $x(n)=\cos(n\omega_0)$	
7	复指数序列	$x(n)=e^{j\omega_0 n}=\cos(\omega_0 n)+j\sin(\omega_0 n)$ 复序列用极坐标表示： $x(n)=|x(n)|e^{j\arg[x(n)]}$ 其中， $|x(n)|=1,\ \arg[x(n)]=\omega_0 n$	—

2.2.3 离散时间单位冲激信号的基本性质

#	基本性质	内容
1	筛选性质	$f(n)\delta(n)=f(0)\delta(n)$ $f(n)\delta(n-i)=f(i)\delta(n-i)$
2	差分性质	$\delta(n)=u(n)-u(n-1)\Rightarrow h(n)=g(n)-g(n-1)$
3	求和性质	$u(n)=\sum_{i=-\infty}^{n}\delta(i)=\sum_{i=0}^{\infty}\delta(n-i)$ $h(n)*u(n)=\sum_{i=-\infty}^{n}h(i)$
4	组合性质	$x(n)=\sum_{m=-\infty}^{\infty}x(m)\delta(n-m)$

续表

#	基本性质	内容
5	卷积特性	$x(n)*\delta(n-n_0) = x(n-n_0)$

小马哥 Tips

重点掌握！注意区分连续和离散的区别。

2.3 能量信号与功率信号

2.3.1 求解公式

#	物理量	连续信号	离散信号
1	能量	$E = \lim\limits_{T \to \infty} \int_{-\frac{T}{2}}^{\frac{T}{2}} \lvert f(t) \rvert^2 \, dt$	$E = \lim\limits_{N \to \infty} \sum\limits_{k=-N}^{N} \lvert f(k) \rvert^2$
2	功率	$P = \lim\limits_{T \to \infty} \frac{1}{T} \int_{-\frac{T}{2}}^{\frac{T}{2}} \lvert f(t) \rvert^2 \, dt$	$P = \lim\limits_{N \to \infty} \frac{1}{2N+1} \sum\limits_{k=-N}^{N} \lvert f(k) \rvert^2$

2.3.2 能量守恒、帕塞瓦尔定理和内积不变性

$$E = \int_{-\infty}^{\infty} \lvert f(t) \rvert^2 \, dt = \frac{1}{2\pi} \int_{-\infty}^{\infty} \lvert F(\omega) \rvert^2 \, d\omega$$

$$E = \sum_{n=-\infty}^{\infty} \lvert x(n) \rvert^2 = \frac{1}{2\pi} \int_{-\pi}^{\pi} \lvert X(e^{j\omega}) \rvert^2 \, d\omega$$

小马哥 Tips

重点掌握！求解能量的时候会用到。$\int_{-\infty}^{\infty}|f(t)|^2 \mathrm{d}t$，此时可以利用能量移位能量不变性质以及对称不变特征，将$f(t)$拆解分段，平移成过原点直线，会大大简化计算量！

真题实战 《960题》1-4-5、1-4-6。

2.3.3 能量谱密度函数（通常用于分析非周期性信号）

连续：

$$G(\omega)=|F(\omega)|^2，其中 F(\omega)=\int_{-\infty}^{\infty}f(t)\mathrm{e}^{-\mathrm{j}\omega t}\mathrm{d}t$$

离散：

$$G(\omega)=\left|\sum_{n=-\infty}^{\infty}x(n)\mathrm{e}^{-\mathrm{j}\omega n}\right|^2$$

2.3.4 功率谱密度函数（通常用于分析周期性信号）

连续：

$$\Phi(\omega)=\lim_{T\to\infty}\frac{1}{2T}|F(\omega)|^2，其中 F(\omega)=\int_{-T}^{T}f(t)\mathrm{e}^{-\mathrm{j}\omega t}\mathrm{d}t$$

离散：

$$\Phi(\omega)=\lim_{N\to\infty}\frac{1}{2N+1}\left|\sum_{n=-N}^{N}x(n)\cdot\mathrm{e}^{-\mathrm{j}\omega n}\right|^2$$

2.3.5 功率守恒

$$P=\lim_{T\to\infty}\frac{1}{T}\int_{-\frac{T}{2}}^{\frac{T}{2}}|f(t)|^2=\sum_{n=-\infty}^{\infty}|F_n|^2$$

$$P = \lim_{N \to \infty} \frac{1}{2N+1} \sum_{n=-N}^{N} |x(n)|^2 = \sum_{k=-\infty}^{\infty} |a_k|^2$$

其中 a_k 为离散傅里叶级数，求解公式为

$$a_k = \frac{1}{N} \sum_{n=0}^{N-1} x(n) e^{-j\frac{2\pi}{N}nk}$$

真题实战 《960题》1-4-9、1-4-11。

小马哥 Tips

重点掌握！帕塞瓦尔定理最好会推导，可能会考查证明。功率谱密度函数会考查画图，公式需记住！能量谱与功率谱一般和维纳-辛钦定理一起考查。

2.4 连续与离散信号特点的分析

2.4.1 连续与离散的区别

#	连续时间信号	离散时间信号
1	幅值可以是连续的，也可以是离散的（只取某些规定值）	时间上是离散的，时间取值可以是均匀的，也可以是不均匀的
2	信号的时域运算中，连续时间信号是对自变量的微分、积分运算，离散时间信号是对自变量的差分、求和运算	

小马哥 Tips

可能会考查简答题。

2.4.2 $\delta(t)$与$\delta(n)$的区别

#	$\delta(t)$	$\delta(n)$
1	用积分值(面积)表示信号的强度，$t \to 0$，$\delta(t)$的幅度为∞。$\int_{-\infty}^{\infty} \delta(t) \mathrm{d}t = 1$，$\delta(t) = 0 (t \neq 0)$	在$n = 0$时的值就是瞬时值1，没有面积概念
2	$\delta(t)$与$u(t)$是微积分关系。$\delta(t) = \dfrac{\mathrm{d}[u(t)]}{\mathrm{d}t}$ $u(t) = \int_{-\infty}^{t} \delta(\tau) \mathrm{d}\tau$	$\delta(n)$与$u(n)$是差和关系。$\delta(n) = u(n) - u(n-1)$ $u(n) = \sum_{k=0}^{\infty} \delta(n-k)$

2.4.3 离散信号$\sin(\omega_0 n)$与连续信号$\sin(\Omega_0 t)$的关系与区别

#	离散信号$\sin(\omega_0 n)$	连续信号$\sin(\Omega_0 t)$
1	ω_0为离散正弦信号的数字角频率	Ω_0为连续正弦信号的模拟角频率
2	ω_0的单位为rad	Ω_0的单位为rad/s
3	数字角频率	模拟角频率

📣:

小马哥 Tips

ω_0与Ω_0单位的区别可以了解一下，挺有趣的！

第三章 LTI 系统及响应求解

3.1 连续时间系统的时域分析

3.1.1 时域求解系统响应的方法

①经典法：齐次解 + 特解（非零初始值）。

②双零法：零输入响应可用经典法求解齐次方程（非零初始值）；零状态响应可用经典法求解齐次解 + 特解（零初始值）或者卷积积分法求解（零初始值）。

📢：
小马哥 Tips

确实会有少数院校在考研中考查时域求解，比如山东科技大学、天津工业大学，以及在 2023 年将其考查到极致的宁波大学！所以时域求解还是需要大家掌握的！

真题实战 《960 题》2-3-9。

3.1.2 微分方程的建立

(1) 各方框图的含义

#	种类	图形
1	加法器：$r(t)=e_1(t)+e_2(t)$	$e_1(t) \to \Sigma \to r(t)$，$e_2(t)$ 向上输入
2	标量乘法器：$r(t)=Ae(t)$	$e(t) \to \text{A} \to r(t)$
3	微分器：$r(t)=\dfrac{\mathrm{d}[e(t)]}{\mathrm{d}t}$	$e(t) \to \boxed{\mathrm{d}/\mathrm{d}t} \to r(t)$
4	积分器：$r(t)=\displaystyle\int_{-\infty}^{t}e(\tau)\mathrm{d}\tau$	$e(t) \to \boxed{\int \text{或} s^{-1}} \to r(t)$

📢 小马哥 Tips

我们画图一般都是用积分器 s^{-1} 来画!

(2)【连续域】微分方程的齐次解

#	特征根 / 自由频率 / 自然频率 / 固有频率	齐次解 / 自由响应 / 自然响应 / 固有响应
1	单实根	$Ae^{\lambda t}$
2	r 重实根	$(C_{r-1}t^{r-1} + C_{r-2}t^{r-2} + \cdots + C_1 t + C_0)e^{\lambda t}$
3	一对共轭复根 $\lambda_{1,2} = \alpha \pm j\beta$	$e^{\alpha t}[C\cos(\beta t) + D\sin(\beta t)]$ 或 $A\cos(\beta t - \theta)$ 其中 $Ae^{j\theta} = C + Dj$
4	r 重共轭复根	$[A_{r-1}t^{r-1}\cos(\beta t - \theta_{r-1}) + A_{r-2}t^{r-2}\cos(\beta t - \theta_{r-2}) + \cdots + A_0\cos(\beta t - \theta_0)]e^{\alpha t}$

📢
小马哥 Tips

一般出现在设零输入响应的情况。

(3)【连续域】微分方程的特解

#	激励 $f(t)$	特解 $r_p(t)$ / 强迫响应 / 受迫响应
1	E（常数）	$r_p(t) = B$

续表

#	激励 $f(t)$	特解 $r_p(t)$ / 强迫响应 / 受迫响应
2	t^m	$P_m t^m + P_{m-1} t^{m-1} + \cdots + P_1 t + P_0$ （所有的特征根均不等于 0） $t^r(P_m t^m + P_{m-1} t^{m-1} + \cdots + P_1 t + P_0)$ （0 为 r 重特征根）
3	$e^{\alpha t}$	若 α 不是特征根，则 $r_c(t) = Be^{\alpha t}$ 若 α 是单特征根，则 $r_c(t) = tB_0 e^{\alpha t}$ 若 α 是 k 重特征根，则 $r_c(t) = t^k B_0 e^{\alpha t}$ 此处和高数本质上是相同的，因为齐次解是通用的形式
4	$\sin(\beta t)$ $\cos(\beta t)$	$B_1 \cos(\beta t) + B_2 \sin(\beta t)$ 或 $A\cos(\beta t - \theta)$，其中 $A \cdot e^{j\theta} = B_1 + jB_2$（所有的特征根均不等于 $\pm j\beta$）
5	$t^p e^{\alpha t} \sin(\beta t)$ $t^p e^{\alpha t} \cos(\beta t)$	$(B_1 t^p + B_2 t^{p-1} + \cdots + B_{p+1}) e^{\alpha t} \cos(\beta t) +$ $(D_1 t^p + D_2 t^{p-1} + \cdots + D_{p+1}) e^{\alpha t} \sin(\beta t)$

📢:
小马哥 Tips

特解用于时域求解强迫响应。注意，冲激函数不存在特解。

3.1.3 连续信号的零输入响应与零状态响应

#	类别	含义
1	零输入响应 $r_{zi}(t)$	对齐次方程求得齐次解 $r_{zi}(t)=\sum_{k=1}^{n}A_{zik}e^{a_k t}$。由初始状态 $r(0_-)$, $r'(0_-)$, ..., $r^{(n-1)}(0_-)$ 得出系数 A_{zik} ($k=1, 2, \cdots, n$)，得到零输入响应 $r_{zi}(t)$。（零输入响应满足线性） 注：无特殊要求，都用时域求零输入
2	零状态响应 $r_{zs}(t)$	$$r_{zs}(t)=\underbrace{\sum_{k=1}^{n}A_{zsk}e^{a_k t}}_{齐次解}+\underbrace{r_p(t)}_{特解}$$ 不同的是由初始状态 $r(0_-)$ 等于零条件下得出系数 A_{zsk}，$r(0_+)$, $r'(0_+)$, ..., $r^{(n-1)}(0_+)$，初始值是否为零，要看起始点是否有跳变。（零状态响应满足线性） 注：无特殊要求，都用变换域求零状态，时域解法仅供了解，个别学校有考查，知道零状态响应的形式等于齐次解的形式加上特解即可
3	全响应=零输入响应+零状态响应	$$r(t)=\underbrace{\sum_{k=1}^{n}A_{zik}e^{a_k t}}_{零输入响应}+\underbrace{\sum_{k=1}^{n}A_{zsk}e^{a_k t}+r_p(t)}_{零状态响应}$$

3.1.4 起始点的跳变

当已知 $t=0_-$ 的初始状态时,初始值不一定等于初始状态值,也就是说起始点可能有跳变。在求解系统的完全响应时,要用到的三个量如下。

#	表达式	含义
1	$r^{(k)}(0_-)$	初始状态决定零输入响应,其中 $r^{(k)}(0_-)=r_{zi}^{(k)}(0_-)$
2	$r^{(k)}(0_+)$	初始值,它决定完全响应
3	$r_{zs}^{(k)}(0_+)$	跳变量,初始值与初始状态的差值 $r^{(k)}(0_+)-r^{(k)}(0_-)=r_{zs}^{(k)}(0_+)$ 当初始状态为零时,它就是零状态响应的初始值,分别利用 $r_{zs}^{(k)}(0_+)$, $r^{(k)}(0_+)$ 求零状态响应和完全响应

小马哥 Tips

此处用冲激函数待定系数匹配法,求解跳变量的值。

真题实战《960 题》2-3-4。

3.1.5 单位冲激响应 $h(t)$

(1) 定义

单位冲激响应为系统在单位冲激信号 $\delta(t)$ 激励下产生的零状态响应。

(注:单位阶跃响应为系统在单位阶跃信号 $u(t)$ 激励下产生的零状态响应)

(2) 由 $h(t)$ 判断系统特性

因果性:

$$h(t) = h(t)u(t)$$

线性时不变系统的稳定性充要条件:

$$\int_{-\infty}^{\infty} |h(t)| \, \mathrm{d}t \leq M$$

📢:
小马哥 Tips

线性时不变系统的稳定性充要条件,可能出成简答题或选择题的形式。

3.1.6 连续信号的卷积积分及其性质

#	基本性质	内容
1	卷积的定义	$x_1(t) * x_2(t) = \int_{-\infty}^{\infty} x_1(\tau) x_2(t-\tau) \mathrm{d}\tau$ $= \int_{-\infty}^{\infty} x_1(t-\tau) x_2(\tau) \mathrm{d}\tau$
2	交换律	$x_1(t) * x_2(t) = x_2(t) * x_1(t)$
3	结合律	$[x_1(t) * x_2(t)] * x_3(t) = x_1(t) * [x_2(t) * x_3(t)]$
4	分配律	$x_1(t) * [x_2(t) + x_3(t)] = x_1(t) * x_2(t) + x_1(t) * x_3(t)$
5	时移性质	若 $x_1(t) * x_2(t) = s(t)$,则 $x_1(t) * x_2(t-\tau) = s(t-\tau)$

续表

#	基本性质	内容
6	微分性质	$\dfrac{\mathrm{d}[x_1(t)]}{\mathrm{d}t} * x_2(t) = \dfrac{\mathrm{d}}{\mathrm{d}t}[x_1(t) * x_2(t)]$
7	积分性质	$\displaystyle\int_{-\infty}^{t} x_1(\tau)\mathrm{d}\tau * x_2(t) = \int_{-\infty}^{t} x_1(\tau) * x_2(\tau)\mathrm{d}\tau$
8	与冲激、阶跃函数的卷积	$x(t) * \delta(t) = x(t)$ $x(t) * \delta(t-t_0) = x(t-t_0)$ $x(t) * \delta(t-t_1) = x(t-t_1) * \delta(t) = x(t-t_1)$ $\delta(t-t_1) * \delta(t-t_2) = \delta(t-t_1-t_2)$ $x(t-t_1) * \delta(t-t_2) = x(t-t_2) * \delta(t-t_1) = x(t-t_1-t_2)$ $x(t) * u(t) = \displaystyle\int_{-\infty}^{t} x(\tau)\mathrm{d}\tau$
9	与冲激偶函数的卷积	$x(t) * \delta'(t) = x'(t)$ $x(t) * \delta^{(k)}(t) = x^{(k)}(t)$ $x(t) * \delta^{(k)}(t-t_0) = x^{(k)}(t-t_0)$
10	面积性质	$A_x = A_{x_1} A_{x_2}$, $A_x = x(t)$的面积 $A_{x_1} = x_1(t)$的面积, $A_{x_2} = x_2(t)$的面积
11	重心性质	$K_x = K_{x_1} + K_{x_2}$, $K_x = \dfrac{m_x}{A_x}$, $m_x = \displaystyle\int_{-\infty}^{\infty} t x(t)\mathrm{d}t$

小马哥 Tips

某种程度上卷积的性质不是特别重要,因为碰到的问题都可以直接用 s 域解决。

真题实战 《960 题》2-3-6。

3.1.7 【连续域】常见信号的卷积

#	常见的卷积式
1	$u(t)*u(t)=tu(t)$ 推理: $u(t)*u(t)=\int_{-\infty}^{\infty}u(\tau)u(t-\tau)\mathrm{d}\tau=\int_{0}^{t}1\mathrm{d}\tau=tu(t)$
2	$tu(t)*u(t)=\frac{1}{2}t^2u(t)$ 推理: $tu(t)*u(t)=\int_{-\infty}^{\infty}\tau u(\tau)u(t-\tau)\mathrm{d}\tau=\int_{0}^{t}\tau\mathrm{d}\tau=\frac{1}{2}t^2u(t)$
3	$\mathrm{e}^{-at}u(t)*u(t)=\int_{0}^{t}\mathrm{e}^{-a\tau}\mathrm{d}\tau=\frac{(1-\mathrm{e}^{-at})}{a}u(t)$
4	$\mathrm{e}^{-at}u(t)*\mathrm{e}^{-bt}u(t)=\frac{\mathrm{e}^{-at}-\mathrm{e}^{-bt}}{b-a}u(t)\ (a\neq b)$ $\mathrm{e}^{-2t}u(t)*\mathrm{e}^{-t}u(t)=\frac{\mathrm{e}^{-2t}-\mathrm{e}^{-t}}{1-2}u(t)=-(\mathrm{e}^{-2t}-\mathrm{e}^{-t})u(t)$ $\mathrm{e}^{-2t}u(t)*\mathrm{e}^{-3t}u(t)=\frac{\mathrm{e}^{-2t}-\mathrm{e}^{-3t}}{3-2}u(t)=(\mathrm{e}^{-2t}-\mathrm{e}^{-3t})u(t)$

续表

#	常见的卷积式
5	$e^{-at}u(t) * e^{-bt}u(t) = te^{-at}u(t) = te^{-bt}u(t) \ (a=b)$ $e^{-t}u(t) * e^{-t}u(t) = \int_0^t e^{-\tau}e^{-(t-\tau)}d\tau = te^{-t}u(t)$
6	$\sin(\pi t)u(t) * u(t) = \int_0^t \sin(\pi \tau)d\tau = \frac{1}{\pi}[1-\cos(\pi t)]u(t)$
7	$P * e^{-at}u(t) = \int_0^\infty Pe^{-a\tau}d\tau = P\left(-\frac{1}{a}e^{-a\tau}\Big|_0^\infty\right) = \frac{P}{a} \ (a>0)$

小马哥 Tips

常见的卷积时域结果可以不用背,确实有一些学校要求用时域求解卷积,但是这些完全可以在草稿纸上用 s 域解决,再回到试卷写答案,一样是满分。其中最后一个常数和函数的卷积,可以看成 s 域特征输入。

3.1.8 两个时限信号的卷积(矩形卷积重要结论)

①两个时限信号进行卷积,卷积后信号的宽度为 [小 + 小,大 + 大];
②两个相同长度的矩形进行卷积会得到一个三角形,三角形的底为两个矩形的宽度之和,三角形的高为两个矩形的长和最小矩形的宽的三者乘积;
③两个不相同长度矩形的卷积会得到一个梯形,梯形的下底为两个

矩形的宽度之和，梯形的上底为两个矩形的宽度之差，梯形的高为两个矩形的长和最小矩形的宽三者的乘积。

小马哥 Tips

必须背得滚瓜烂熟，必考内容。

真题实战 《960 题》2-1-5。

3.2 离散时间系统的时域分析

3.2.1 时域求解系统响应的方法

①迭代法：常用迭代法求初始条件。

②经典法：求齐次解和特解，定初始条件，求待定系数。

③双零法：对零输入响应用经典法求齐次方程的解；对零状态响应用卷积和法。

3.2.2 差分方程的建立

(1) 各方框图的含义

#	类别	图形
1	加法器	$x_1(n)$ ⟶ Σ ⟶ $x_1(n)+x_2(n)$ ，$x_2(n)$ ↑

续表

#	类别	图形
2	标量乘法器	$x(n) \rightarrow (a) \rightarrow ax(n)$ $x(n) \quad a \quad ax(n)$
3	延时器	$y(n) \rightarrow \boxed{Z^{-1}} \rightarrow y(n-1)$ $y(n) \rightarrow \boxed{D} \rightarrow y(n-1)$ $y(n) \rightarrow \boxed{\dfrac{1}{E}} \rightarrow y(n-1)$

(2)【离散域】差分方程的齐次解

#	特征根	齐次解
1	单实根 λ_i	$C_i \lambda_i^k$
2	r 重实根 λ_i	$(C_1 k^{r-1} + C_2 k^{r-2} + \cdots + C_{r-1} k + C_r) \lambda_i^k$
3	一对共轭复根 $\lambda_{1,2} = \rho e^{\pm j\Omega}$	$\rho^k [C_1 \cos(k\Omega) + C_2 \sin(k\Omega)]$ 或 $A\rho^k \cos(k\Omega - \varphi)$,其中 $Ae^{j\varphi} = C_1 + jC_2$
4	r 重共轭复根 $\lambda_{1,2} = \rho e^{\pm j\Omega}$	$\rho^k [C_{r-1} k^{r-1} \cos(k\Omega - \varphi_{r-1}) + C_{r-2} k^{r-2} \cos(k\Omega - \varphi_{r-2}) + \cdots + C_1 k \cos(k\Omega - \varphi_1) + C_0 \cos(k\Omega - \varphi_0)]$

(3)【离散域】差分方程的特解

#	激励 $e(k)$	特解 $y_p(k)$
1	E （常数）	P （常数）
2	k^m	$P_m k^m + P_{m-1} k^{m-1} + \cdots + P_1 k + P_0$ （所有的特征根均不等于 0） $k^r (P_m k^m + P_{m-1} k^{m-1} + \cdots + P_1 k + P_0)$ （0 为 r 重特征根）
3	a^k	Pa^k （a 不是特征根） $(P_0 + P_1 k) a^k$ （a 是单特征根） $(P_r k^r + P_{r-1} k^{r-1} + \ldots + P_1 k + P_0) a^k$ （a 是 r 重特征根）
4	$\cos(k\Omega - \varphi_0)$	$P_1 \cos(k\Omega) + P_2 \sin(k\Omega)$ 或 $B\cos(k\Omega - \theta)$ 其中 $Be^{j\theta} = P_1 + jP_2$，所有特征根均不等于 $e^{\pm j\beta}$
5	$a^k \cos(k\Omega - \varphi_0)$	$a^k [P_1 \cos(k\Omega) + P_2 \sin(k\Omega)]$ 或 $Ba^k \cos(k\Omega - \theta)$ 其中 $Be^{j\theta} = P_1 + jP_2$，所有特征根均不等于 $e^{\pm j\beta}$

📢
小马哥 Tips

齐次解与特解，需要掌握。第 2 个和第 3 个比较常用。

真题实战 《960 题》7-3-12。

3.2.3 离散信号的零输入响应与零状态响应

#	类别	含义
1	零输入响应 $y_{zi}(n)$	对齐次方程求得齐次解 $$y_{zi}(n)=\sum_{i=1}^{k}C_{zii}(\alpha_i)^n$$ 由初始值 $y(-1)$，$y(-2)$，…定出系数 $C_{zii}(i=1,2,\cdots,k)$，得到零输入响应 $y_{zi}(n)$。零输入响应满足线性。 注：和连续一样，时域求零输入，变换域求零状态
2	零状态响应 $y_{zs}(n)$	$$y_{zs}(n)=\underbrace{\sum_{i=1}^{k}C_{zsi}(\alpha_i)^n}_{齐次解}+\underbrace{y_p(n)}_{特解}$$ 不同的是由初始值 $y_{zs}(-1)$，$y_{zs}(-2)$，…等于零定系数 C_{zsi}，零状态响应满足叠加特性
3	全响应：等于零输入响应与零状态响应之和	$$y(n)=\underbrace{\sum_{i=1}^{k}C_{zii}(\alpha_i)^n}_{零输入响应}+\underbrace{\sum_{i=1}^{k}C_{zsi}(\alpha_i)^n+y_p(n)}_{零状态响应}$$

3.2.4 离散时间系统的单位样值响应 $h(n)$

(1) 定义

单位样值响应：系统在单位样值信号 $\delta(n)$ 激励下产生的零状态响应。

(2) 求 $h(n)$ 的方法

$$\begin{cases} \text{迭代法：一般不能直接得到 } h(n) \text{ 的闭式。} \\ \text{经典法} \begin{cases} \text{可由迭代法定初始值} \to \text{定待定系数。} \\ \text{把单位样值激励等效为起始条件} \to \text{求解齐次方程。} \end{cases} \\ \text{齐次解法：求自由项为 } \delta(n) \text{ 的响应 } h(n) \to \text{根据线性时不变系统的性质求出 } h(n)。 \end{cases}$$

(3) 由 $h(n)$ 判断系统特性

$$\begin{cases} \text{因果性：} h(n) = h(n)u(n) \\ \text{稳定性：} \sum_{n=-\infty}^{\infty} |h(n)| \leqslant M \end{cases}$$

小马哥 Tips

类比连续即可。

3.2.5 离散信号的卷积和及其性质

#	基本性质	表达式
1	定义	$x_1(n) * x_2(n) = \sum_{m=-\infty}^{\infty} x_1(m) x_2(n-m)$ $= \sum_{m=-\infty}^{\infty} x_1(n-m) x_2(m)$
2	交换律	$x_1(n) * x_2(n) = x_2(n) * x_1(n)$
3	结合律	$[x_1(n) * x_2(n)] * x_3(n) = x_1(n) * [x_2(n) * x_3(n)]$
4	分配律	$x_1(n) * [x_2(n) + x_3(n)] = x_1(n) * x_2(n) + x_1(n) * x_3(n)$

#	基本性质	表达式
5	位移特性	若 $x_1(n)*x_2(n)=s(n)$, 则 $x_1(n)*x_2(n-m)=s(n-m)$
6	差分特性	$\nabla x_1(n)*x_2(n)=\nabla[x_1(n)*x_2(n)]$
7	求和特性	$\sum_{m=-\infty}^{n}x_1(m)*x_2(n)=\sum_{m=-\infty}^{n}[x_1(m)*x_2(m)]$
8	差分、求和特性的推论	$x_1(n)*x_2(n)=\nabla x_1(n)*\sum_{m=-\infty}^{n}x_2(m)$
9	与单位样值的卷积	$x(n)*\delta(n)=x(n)$ $x(n)*\delta(n-m)=x(n-m)$

3.2.6 【离散域】常见信号卷积和

#	常见卷积和
1	$u(n)*u(n)=(n+1)u(n)$
2	$a^n u(n)*u(n)=\sum_{m=0}^{n}a^m u(n)=\dfrac{1-a^{n+1}}{1-a}u(n)\ (a\neq 1)$
3	$a^n u(n)*b^n u(n)=\sum_{m=0}^{n}a^m b^{n-m}u(n)=\dfrac{b^{n+1}-a^{n+1}}{b-a}u(n)\ (a\neq b)$
4	$a^n u(n)*b^n u(n)=(n+1)a^n u(n)=(n+1)b^n u(n)\ (a=b)$

小马哥 Tips

没精力可以不背,在 z 域一样可以求出结果。另外有限长序列求卷积的方法——错位相乘不进位法,必须掌握,大家可以扫描视频二维码进行学习。

3.2.7 系统六性的判断

系统的基本特性由其输入 $x(t)$,$x(n)$ 和输出 $y(t)$,$y(n)$ 之间的关系来判断,具体特性如下。

#	基本性质	内容
1	线性 同时满足齐次性和叠加性	先系统后线性等于先线性后系统。 $T[a_1x_1(t)+a_2x_2(t)] \to a_1y_1(t)+a_2y_2(t)$ $T[a_1x_1(n)+a_2x_2(n)] \to a_1y_1(n)+a_2y_2(n)$
2	时不变性	先系统后时移等于先时移后系统。 $T[x(t-t_0)] \to y(t-t_0)$ $T[x(n-n_0)] \to y(n-n_0)$
3	因果性	系统在任何时刻的输出只与系统当前时刻和过去时刻的输入有关,与未来时刻的输入无关
4	稳定性	满足 BIBO 准则,即系统在输入有界时,其输出也有界
5	可逆性	系统在不同的输入时具有不同的输出
6	记忆性	输入和输出同时变化,则为无记忆

📢 小马哥 Tips

考研重点,必考内容,多做几道题就会了。其中积分、微分形式的性质判断比较特殊,扫描第三个二维码进行学习。

真题实战 《960 题》1-5-5。

3.3 线性时不变系统的基本特性

线性时不变系统的基本特性可由其冲激响应 $h(t)$, $h(n)$ 来判断,具体特性如下。

#	基本性质	内容
1	因果性	当 $t<0$ 时,$h(t)=0$;当 $n<0$ 时,$h(n)=0$
2	稳定性	$\int_{-\infty}^{\infty}\|h(t)\|\mathrm{d}t<\infty$, $\sum_{n=-\infty}^{\infty}\|h(n)\|<\infty$
3	可逆性	$h_1(t)*h_2(t)=\delta(t)$ $h_1(n)*h_2(n)=\delta(n)$ $h_1(t)$, $h_1(n)$ 为可逆系统的冲激响应 $h_2(t)$, $h_2(n)$ 为补偿系统的冲激响应
4	卷积特性	若 $y(t)$, $y(n)$ 是线性时不变系统的零状态响应,则 $y(t)=x(t)*h(t)$, $y(n)=x(n)*h(n)$

第四章 连续 & 离散时间信号与系统的频域分析

4.1 连续时间信号的傅里叶级数

4.1.1 周期信号的傅里叶级数表示

#	形式	表达式	傅里叶级数的系数
1	三角函数形式	$f(t) = a_0 + \sum_{n=1}^{\infty} [a_n \cos(n\omega_1 t) + b_n \sin(n\omega_1 t)]$ $(n = 1, 2, 3, \cdots)$	$\dfrac{a_0}{2} = \dfrac{1}{T_1} \int_{T_1} f(t) \, dt$ $a_n = \dfrac{2}{T_1} \int_{T_1} f(t) \cos(n\omega_1 t) \, dt$ $b_n = \dfrac{2}{T_1} \int_{T_1} f(t) \sin(n\omega_1 t) \, dt$
2	指数函数形式	$f(t) = \sum_{n=-\infty}^{\infty} F_n e^{jn\omega_1 t}$ $(n = 0, \pm 1, \pm 2, \cdots)$	$F_0 = a_0$ $F_n = \dfrac{1}{T_1} \int_{T_1} f(t) e^{-jn\omega_1 t} \, dt$ $= \dfrac{1}{2}(a_n - jb_n)$
3	纯余弦形式	$f(t) = c_0 + \sum_{n=1}^{\infty} c_n \cos(n\omega_1 t + \varphi_n)$ $(n = 1, 2, 3, \cdots)$	$\begin{cases} c_0 = a_0 \\ c_n = \sqrt{a_n^2 + b_n^2} \\ \varphi_n = -\arctan\left(\dfrac{b_n}{a_n}\right) \end{cases}$

小马哥 Tips

注意，此处不同教材，比如郑君里版和吴大正版，对 a_0 的定义不同。扫码补课，注意指数形式更常用，需要熟练背诵。其中 F_n 是傅里叶级数的系数，一般利用和傅里叶变换之间的关系来求解，$F_n = \dfrac{1}{T} F_0(\omega)$。注意纯余弦形式一般被应用在画单边幅度谱和单边相位谱上。$c_0 = a_0$ 为直流分量，$c_n \sim n\omega_1$ 为单边幅度谱，$\varphi_n \sim n\omega_1$ 为单边相位谱。

4.1.2 单边谱和双边谱的画法

(1) 单边谱的画法

幅度谱：

$$c_n \to n\omega_1 \quad （单边幅度谱）$$

相位谱：

$$\varphi_n \to n\omega_1 \quad （单边相位谱）$$

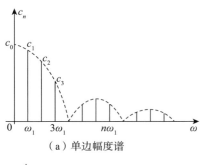

(a) 单边幅度谱

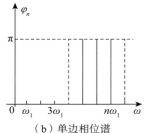

(b) 单边相位谱

真题实战 《960题》3-4-3。

(2) 双边谱的画法

c_n,F_n,φ_n 都是 $n\omega_1$ 的函数,其中 $F_n = |F_n|e^{j\varphi_n}$。

幅度谱：

$$F_n \text{ 的模值}(|F_n|) \to n\omega_1 \quad (\text{双边幅度谱})$$

相位谱：

F_n 的相位 $(\varphi_n) \to n\omega_1$ （双边相位谱）

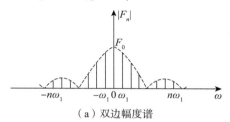

（a）双边幅度谱

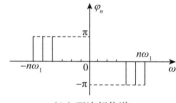

（b）双边相位谱

小马哥 Tips

是单边谱还是双边谱取决于展开形式。

若为 c_n 的形式，则为单边谱；若为 F_n 的形式，则为双边谱。

真题实战 《960 题》3-4-5。

4.1.3 连续傅里叶级数的性质

注意除了奥本海姆版教材以外的其他教材一般用 F_n 来表示傅里叶级数,奥本海姆版教材用 a_k 来表示傅里叶级数。因为基本只有参考奥本海姆版教材的院校才考这个知识点,比如西南交通大学、四川大学、中国海洋大学,所以我们这里用奥本海姆版教材的定义:假设 $x(t)$ 的傅里叶级数为 a_k, $\omega_1 = \dfrac{2\pi}{T}$。

#	性质	表达式
—	—	$x(t)$, $y(t)$ 周期为 T,基本频率 $\omega_1 = \dfrac{2\pi}{T}$,傅里叶级数系数为 a_k, b_k
1	线性	$Ax(t) + By(t) \leftrightarrow Aa_k + Bb_k$
2	时域共轭性	$x^*(t) \leftrightarrow a^*_{-k}$
3	调制特性	$x(t)\cos(\omega_1 t) \leftrightarrow \dfrac{1}{2}(a_{k+1} + a_{k-1})$ $x(t)\sin(\omega_1 t) \leftrightarrow \dfrac{1}{2\mathrm{j}}(a_{k-1} - a_{k+1})$
4	反折特性	$x(-t) \leftrightarrow a_{-k}$
5	时移特性	$x(t - t_0) \leftrightarrow a_k \mathrm{e}^{-\mathrm{j}\omega_1 t_0 k}$
6	频移特性	$\mathrm{e}^{\mathrm{j}M\omega_1 t} x(t) \leftrightarrow a_{k-M}$

续表

#	性质	表达式
7	时域微分特性	$x^{(k)}(t) \leftrightarrow (jn\omega_1)^k a_k$
8	相乘	$x(t)y(t) \leftrightarrow \sum_{l=-\infty}^{\infty} a_l b_{k-l}$ **真题实战** 《960题》3-1-84。
9	周期卷积	$\int_T x(\tau) y(t-\tau) \mathrm{d}\tau \leftrightarrow T a_k b_k$
10	周期信号的功率	$P = \overline{x^2(t)} = \dfrac{1}{T_1} \int_{T_1} |x(t)|^2 \mathrm{d}t = \sum_{k=-\infty}^{\infty} |a_k|^2$
11	时域尺度	$x(at),\ a>0$,周期为 $\dfrac{T}{a} \leftrightarrow a_k$
12	实信号的 共轭对称性	$x(t)$为实信号 $\leftrightarrow \begin{cases} a_k = a_{-k}^* \\ \mathrm{Re}\{a_k\} = \mathrm{Re}\{a_{-k}\} \\ \mathrm{Im}\{a_k\} = -\mathrm{Im}\{a_{-k}\} \\ |a_k| = |a_{-k}| \\ \measuredangle a_k = -\measuredangle a_{-k} \end{cases}$
13	实偶信号	$x(t)$为实偶信号 $\leftrightarrow a_k$为实偶函数
14	实奇信号	$x(t)$为实奇信号 $\leftrightarrow a_k$为虚奇函数
15	实信号的奇偶分解	$\begin{cases} x_\mathrm{e}(t) = \dfrac{1}{2}[x(t)+x(-t)] \leftrightarrow \mathrm{Re}\{a_k\} \\ x_\mathrm{o}(t) = \dfrac{1}{2}[x(t)-x(-t)] \leftrightarrow \mathrm{jIm}\{a_k\} \end{cases}$

小马哥 Tips

这个知识点只有参考教材为奥本海姆版教材的院校考,西南交通大学年年考,好好看。但是这个其实有跳过去的快捷方式!卖个小关子,课上讲。

4.1.4 周期信号波形对称性与傅里叶级数系数的关系

#	对称性	傅里叶级数中所含分量	余弦分量系数 a_n	正弦分量系数 b_n
1	纵轴对称(偶函数) $f(t)=f(-t)$	只有余弦项,可能含直流	$\dfrac{4}{T_1}\int_0^{\frac{T_1}{2}} f(t)\cos(n\omega_1 t)\,dt$	0
2	坐标原点对称(奇函数) $f(t)=-f(-t)$	只有正弦项	0	$\dfrac{4}{T_1}\int_0^{\frac{T_1}{2}} f(t)\sin(n\omega_1 t)\,dt$
3	半周期重叠(偶谐函数) $f(t)=f\left(t\pm\dfrac{T_1}{2}\right)$	只有偶次谐波,可能含直流	$\dfrac{4}{T_1}\int_0^{\frac{T_1}{2}} f(t)\cos(n\omega_1 t)\,dt$	$\dfrac{4}{T_1}\int_0^{\frac{T_1}{2}} f(t)\sin(n\omega_1 t)\,dt$

续表

#	对称性	傅里叶级数中所含分量	余弦分量系数 a_n	正弦分量系数 b_n
4	半周期镜像（奇谐函数） $f(t) = -f\left(t \pm \dfrac{T_1}{2}\right)$	只有奇次谐波	$\dfrac{4}{T_1}\int_0^{\frac{T_1}{2}} f(t)\cos(n\omega_1 t)\,dt$	$\dfrac{4}{T_1}\int_0^{\frac{T_1}{2}} f(t)\sin(n\omega_1 t)\,dt$

注：其中 $\omega_1 = \dfrac{2\pi}{T_1}$，$f(t)$ 为实数函数。

📢:
小马哥 Tips

一般出现在选择题中，就是给个图像判断信号中含有哪些谐波分量，考查次数不多。背下来即可。

4.1.5 傅里叶有限级数与最小方均误差

若取傅里叶级数的前 $2N+1$ 项来逼近周期函数 $f(t)$，则有限项傅里叶级数为

$$S_N(t) = a_0 + \sum_{n=1}^{N} \left[a_n \cos(n\omega_1 t) + b_n \sin(n\omega_1 t) \right]$$

这样用 $S_N(t)$ 逼近 $f(t)$ 引起的误差函数为

$$\varepsilon_N(t) = f(t) - S_N(t)$$

方均误差为

$$E_N = \overline{\varepsilon_N^2(t)} = \overline{f^2(t)} - \left[a_0^2 + \frac{1}{2}\sum_{n=1}^{N}(a_n^2 + b_n^2)\right]$$

4.2 连续非周期信号的频域分析

4.2.1 傅里叶变换的定义

①任意非周期信号$f(t)$，若满足狄利克雷条件，且无穷区间绝对可积，则可求得其频谱密度函数为（简称为频谱函数）

$$F(\omega) = \mathcal{F}[f(t)] = \int_{-\infty}^{\infty} f(t)e^{-j\omega t}dt \text{（傅里叶正变换）}$$

$$f(t) = \mathcal{F}^{-1}[F(\omega)] = \frac{1}{2\pi}\int_{-\infty}^{\infty} F(\omega)e^{j\omega t}d\omega \text{（傅里叶逆变换）}$$

📢:
小马哥 Tips

注意即使不满足绝对可积，由于引入了奇异信号，傅里叶变换也可能存在。比如单位阶跃信号不满足绝对可积，但是傅里叶变换存在。

两个必背常见考点：

$$F(0) = \int_{-\infty}^{\infty} f(t)dt$$

$$f(0) = \frac{1}{2\pi}\int_{-\infty}^{\infty} F(\omega)d\omega$$

②傅里叶级数系数和傅里叶变换之间的关系为

$$F(\omega) = \lim_{T\to\infty}\frac{F_n}{\frac{1}{T}} = \lim_{T\to\infty} F_n T$$

4.2.2 傅里叶变换的表示

因 $F(\omega)$ 一般是复数函数,故可表示为

$$F(\omega)=|F(\omega)|e^{j\varphi(\omega)}$$

$|F(\omega)|$ 与 $\varphi(\omega)$ 分别称为信号 $f(t)$ 的幅度谱与相位谱。

📢 小马哥 Tips

奇偶虚实性总结如下:

#	频谱	$f(t)$ 为实信号		$f(t)$ 为虚信号	
1	$F(\omega)$	偶对称	奇对称	偶对称	奇对称
		实偶	虚奇	虚偶	实奇
2	$R(\omega)$	偶对称		奇对称	
3	$X(\omega)$	奇对称		偶对称	
4	$|F(\omega)|$	偶对称		偶对称	
5	$\varphi(\omega)$	奇对称		$\pi-\varphi(-\omega)$	

小马哥黄金铁律:一个域的共轭对称部分,对应另外一个域的实部。一个域的共轭反对称部分,对应另外一个域的 j 乘虚部。

真题实战 《960题》1-4-7,3-5-11。

4.2.3 傅里叶变换存在的条件

狄里赫利条件也是信号存在傅里叶变换的充分条件,与傅里叶级数

不同之处仅仅在于时间范围由一个周期变成无限的区间,即要求在无限的区间内满足绝对可积条件,亦即要求

$$\int_{-\infty}^{\infty} |f(t)|\,\mathrm{d}t < \infty$$

4.2.4 典型信号的傅里叶变换对

#	$f(t)$	$F(\omega)$
1	单位冲激信号 $\delta(t)$	1
2	常数信号 1	$2\pi\delta(\omega)$
3	单位阶跃信号 $u(t)$	$\pi\delta(\omega)+\dfrac{1}{\mathrm{j}\omega}$
4	$\mathrm{sgn}(t)$	$\dfrac{2}{\mathrm{j}\omega}$
5	$\dfrac{1}{\pi t}$ (非常常见)	$-\mathrm{j}\,\mathrm{sgn}(\omega)$
6	单边指数信号 $\mathrm{e}^{-at}u(t)$ (a 为大于零的实数)	$\dfrac{1}{\mathrm{j}\omega+a}$
7	门函数 $EG_\tau(t)=E\left[u\left(t+\dfrac{\tau}{2}\right)-u\left(t-\dfrac{\tau}{2}\right)\right]$ G 为 Gate 的缩写,代表门函数	$E\tau\mathrm{Sa}\left(\dfrac{\tau}{2}\omega\right)$ 速记:脉高 × 脉宽 × $\mathrm{Sa}\left(\omega\dfrac{脉宽}{2}\right)$

续表

#	$f(t)$	$F(\omega)$
8	$Etri_\tau(t) = E\left(1 - \dfrac{2|t|}{\tau}\right), |t| < \dfrac{\tau}{2}$ tri 为 triangle 的缩写，代表三角形	$\dfrac{E\tau}{2} \text{Sa}^2\left(\dfrac{\omega\tau}{4}\right)$ 速记: 脉高 × $\dfrac{\text{脉宽}}{2}$ × $\text{Sa}^2\left(\omega \dfrac{\text{脉宽}}{4}\right)$
9	$E\tau \text{Sa}\left(\dfrac{t\tau}{2}\right)$ $\text{Sa}(At)$	$2\pi E G_\tau(\omega)$ 截止频率为 A、高为 $\dfrac{\pi}{A}$ 的矩形窗
10	$\dfrac{E\tau}{2} \text{Sa}^2\left(\dfrac{t\tau}{4}\right)$ $\text{Sa}^2(At)$	$2\pi E tri_\tau(\omega)$ 截止频率为 $2A$、高为 $\dfrac{\pi}{A}$ 的三角窗
11	抽样函数信号 $\text{Sa}(\omega_0 t) = \dfrac{\sin(\omega_0 t)}{\omega_0 t}$	$\dfrac{\pi}{\omega_0} G_{2\omega_0}(\omega)$
12	$e^{j\omega_0 t}$	$2\pi\delta(\omega - \omega_0)$
13	周期冲激序列 $\sum\limits_{n=-\infty}^{\infty} \delta(t - nT)$ $\sum\limits_{n=-\infty}^{\infty} (-1)^n \delta(t - nT_s)$	$\dfrac{2\pi}{T} \sum\limits_{n=-\infty}^{\infty} \delta\left(\omega - n\dfrac{2\pi}{T}\right)$ $\dfrac{2\pi}{T} \sum\limits_{n=-\infty}^{\infty} \delta\left(\omega - n\dfrac{\pi}{T}\right)$，$n$ 为奇数

续表

#	$f(t)$	$F(\omega)$
14	余弦信号 $\cos(\omega_0 t)$	$\pi[\delta(\omega+\omega_0)+\delta(\omega-\omega_0)]$
15	正弦信号 $\sin(\omega_0 t)$	$\mathrm{j}\pi[\delta(\omega+\omega_0)-\delta(\omega-\omega_0)]$
16	斜变信号 $tu(t)$	$\mathrm{j}\pi\delta'(\omega)-\dfrac{1}{\omega^2}$
17	单边正弦信号 $\sin(\omega_0 t)u(t)$	$\dfrac{\mathrm{j}\pi}{2}[\delta(\omega+\omega_0)-\delta(\omega-\omega_0)]-\dfrac{\omega_0}{\omega^2-\omega_0^2}$
18	单边余弦信号 $\cos(\omega_0 t)u(t)$	$\dfrac{\pi}{2}[\delta(\omega+\omega_0)+\delta(\omega-\omega_0)]-\mathrm{j}\dfrac{\omega}{\omega^2-\omega_0^2}$
19	周期信号 $\sum\limits_{n=-\infty}^{\infty}x_1(t-nT_0)$	$\omega_0\sum\limits_{n=-\infty}^{\infty}X_1(\mathrm{j}n\omega_0)\delta(\omega-n\omega_0)$
20	抽样信号 $\sum\limits_{n=-\infty}^{\infty}x(t)\delta(t-nT_s)$	$\dfrac{1}{T_s}\sum\limits_{n=-\infty}^{\infty}X[\mathrm{j}(\omega-n\omega_s)]$
21	$E\mathrm{e}^{-\left(\frac{t}{\tau}\right)^2}$	$\sqrt{\pi}E\tau\mathrm{e}^{-\left(\frac{\omega\tau}{2}\right)^2}$
22	$\dfrac{1}{2}[\delta(t-1)+\delta(t+1)]$	$\cos\omega$

续表

#	$f(t)$	$F(\omega)$
23	t	$j2\pi\delta'(\omega)$
24	$\|t\|$	$-\dfrac{2}{\omega^2}$

小马哥 Tips

这些你们要反复背一年!

真题实战 《960题》3-1-1、3-1-11。

4.3 连续时间傅里叶变换的主要性质

#	性质名称	时域$f(t)$	频域$F(\omega)$
1	唯一性	$f(t)$	$F(\omega)$
2	线性	$\sum_{i=1}^{n}A_if_i(t)$ (A_i为常数,n为正整数)	$\sum_{i=1}^{n}A_iF_i(\omega)$
3	对称性	$F(t)$	$2\pi f(-\omega)$

续表

#	性质名称	时域 $f(t)$	频域 $F(\omega)$
4	尺度变换特性	$f(at)$ (a 为非零实常数)	$\dfrac{1}{\|a\|}F\left(\dfrac{\omega}{a}\right)$
		$f(-t)$	$F(-\omega)$
5	时移性	$f(t-t_0)$ (t_0 为实常数)	$F(\omega)\mathrm{e}^{-\mathrm{j}\omega t_0}$
		$f(at-t_0)$ (a, t_0 为实常数)	$\dfrac{1}{\|a\|}F\left(\dfrac{\omega}{a}\right)\mathrm{e}^{-\mathrm{j}\frac{\omega}{a}t_0}$
6	频移性	$f(t)\mathrm{e}^{\mathrm{j}\omega_0 t}$ (ω_0 为实常数)	$F(\omega-\omega_0)$
		$f(t)\cos(\omega_0 t)$ (调制定理)	$\dfrac{1}{2}F(\omega+\omega_0)+\dfrac{1}{2}F(\omega-\omega_0)$
		$f(t)\sin(\omega_0 t)$ (调制定理)	$\mathrm{j}\left[\dfrac{1}{2}F(\omega+\omega_0)-\dfrac{1}{2}F(\omega-\omega_0)\right]$

续表

#	性质名称	时域 $f(t)$	频域 $F(\omega)$
7	时域微分	$\dfrac{\mathrm{d}[f(t)]}{\mathrm{d}t}$	$\mathrm{j}\omega F(\omega)$
		$\dfrac{\mathrm{d}^k[f(t)]}{\mathrm{d}t^k}$	$(\mathrm{j}\omega)^k F(\omega)$
8	时域积分	$\displaystyle\int_{-\infty}^{t} f(\tau)\mathrm{d}\tau$	$\left[\pi\delta(\omega)+\dfrac{1}{\mathrm{j}\omega}\right]F(\omega)$
9	频域微分（时域乘t）	$(-\mathrm{j}t)f(t)$	$\dfrac{\mathrm{d}[F(\omega)]}{\mathrm{d}\omega}$
		$(-\mathrm{j}t)^k f(t)$	$\dfrac{\mathrm{d}^k[F(\omega)]}{\mathrm{d}\omega^k}$
10	频域积分	$\pi f(0)\delta(t)-\dfrac{1}{\mathrm{j}t}f(t)$	$\displaystyle\int_{-\infty}^{\omega} F(x)\mathrm{d}x$
11	共轭	$f^*(t)$	$F^*(-\omega)$
12	时域卷积	$f_1(t)*f_2(t)$	$F_1(\omega)F_2(\omega)$
13	频域卷积	$f_1(t)\cdot f_2(t)$	$\dfrac{1}{2\pi}F_1(\omega)*F_2(\omega)$
14	时域抽样	$\displaystyle\sum_{n=-\infty}^{\infty} f(t)\delta(t-nT_\mathrm{s})$	$\dfrac{1}{T_\mathrm{s}}\displaystyle\sum_{n=-\infty}^{\infty} F\left(\omega-\dfrac{2\pi}{T_\mathrm{s}}n\right)$

续表

#	性质名称	时域 $f(t)$	频域 $F(\omega)$
15	交替周期冲激的抽样（难题必备）	$f(t) \cdot \sum_{n=-\infty}^{\infty} (-1)^n \delta(t - nT_s)$	$\dfrac{1}{T_s} \sum_{n=-\infty}^{\infty} F\left(\omega - \dfrac{n\pi}{T_s}\right)$, n 为奇数
16	频域抽样	$\dfrac{1}{\omega_s} \sum_{n=-\infty}^{\infty} f\left(t - \dfrac{2n\pi}{\omega_s}\right)$	$F(\omega) \sum_{n=-\infty}^{\infty} \delta(\omega - n\omega_s)$
17	自相关	$R(\tau)$	$\lvert F(\omega) \rvert^2$
18	互相关	$R_{21}(\tau)$	$F_2(\omega) \cdot F_1^*(\omega)$
		$R_{12}(\tau)$	$F_1(\omega) \cdot F_2^*(\omega)$
19	帕塞瓦尔定理（能量守恒定理）	\multicolumn{2}{c}{$E = \int_{-\infty}^{\infty} \lvert f(t) \rvert^2 \, dt = \dfrac{1}{2\pi} \int_{-\infty}^{\infty} \lvert F(\omega) \rvert^2 \, d\omega$}
20	零积性	\multicolumn{2}{c}{$F(0) = \int_{-\infty}^{\infty} f(t) \, dt$ $f(0) = \dfrac{1}{2\pi} \int_{-\infty}^{\infty} F(\omega) \, d\omega$}

小马哥 Tips

必须熟练掌握，每一个都是经典性质！

真题实战 《960题》3-1-4、3-1-10。

4.4 连续时间周期信号的傅里叶变换

(1) 定义

$$f(t) \leftrightarrow 2\pi \sum_{n=-\infty}^{\infty} F_n \delta(\omega - n\omega_1)$$

其中

$$F_n = \frac{1}{T_1} \int_{T_1} f(t) e^{-jn\omega_1 t} dt$$

$$F_n = \frac{1}{T_1} F_0(\omega) \bigg|_{\omega = n\omega_1}$$

其中 $F_0(\omega)$ 为从周期性脉冲序列 $f(t)$ 中截取的一个周期片段的傅里叶变换

$$F(\omega) = \omega_1 \sum_{n=-\infty}^{\infty} F_0(n\omega_1) \delta(\omega - n\omega_1)$$

(2) 周期信号 $f(t)$ 的傅里叶变换

#	$f(t)\ (-\infty < t < \infty)$	$F(\omega)$
1	$\cos(\omega_0 t)$	$\pi[\delta(\omega + \omega_0) + \delta(\omega - \omega_0)]$
2	$\sin(\omega_0 t)$	$j\pi[\delta(\omega + \omega_0) - \delta(\omega - \omega_0)]$
3	$\delta_{T_1}(t) = \sum_{n=-\infty}^{\infty} \delta(t - nT_1)$	$\omega_1 \sum_{n=-\infty}^{\infty} \delta(\omega - n\omega_1),\ \ \omega_1 = \frac{2\pi}{T_1}$

续表

#	$f(t)\ (-\infty < t < \infty)$	$F(\omega)$
4	一般周期信号 $f(t) = \sum_{n=-\infty}^{\infty} F_n e^{jn\omega_1 t}$ 其中 $F_n = \dfrac{1}{T_1} \int_{T_1} f(t) e^{-jn\omega_1 t} dt$ 或 $F_n = \dfrac{1}{T_1} F_0(\omega) \Big|_{\omega = n\omega_1}$	$2\pi \sum_{n=-\infty}^{\infty} F_n \delta(\omega - n\omega_1)$ $\omega_1 = \dfrac{2\pi}{T_1}$

小马哥 Tips

必须熟练掌握！

真题实战 《960题》3-1-38。

4.5 功率信号与能量信号

#	功率信号	能量信号
1	信号在时间区间 $(-\infty, \infty)$ 内的能量为 ∞，但平均功率为有限值。周期信号、阶跃信号、符号函数等为功率信号	信号在时间区间 $(-\infty, \infty)$ 内的能量为有限值，但平均功率为 0

续表

#	功率信号	能量信号
2	时域公式 $P = \lim_{T \to \infty} \dfrac{1}{T} \int_T |f(t)|^2 \, dt$	时域公式 $E = \int_{-\infty}^{\infty} |f(t)|^2 \, dt$
3	频域公式（对于周期信号） $P = \overline{f^2(t)} = \dfrac{1}{T} \int_{-\frac{T}{2}}^{\frac{T}{2}} |f(t)|^2 \, dt$ $= a_0^2 + \dfrac{1}{2} \sum_{n=1}^{\infty} (a_n^2 + b_n^2)$ $= c_0^2 + \dfrac{1}{2} \sum_{n=1}^{\infty} c_n^2 = \sum_{n=-\infty}^{\infty} |F_n|^2$ 即平均功率 P 等于频域中直流分量与各次谐波分量平均功率之和	频域公式 $E = \dfrac{1}{2\pi} \int_{-\infty}^{\infty} |F(\omega)|^2 \, d\omega$ $= \dfrac{1}{\pi} \int_0^{\infty} |F(\omega)|^2 \, d\omega$
4	功率谱密度 $\Phi(\omega) = \lim_{T \to \infty} \dfrac{|F_T(\omega)|^2}{T}$ 其中 $F_T(\omega)$ 为功率信号 $f(t)$ 的截断函数 $f_T(t)$ 的傅里叶变换	能量谱密度 令 $G(\omega) = |F(\omega)|^2$，$G(\omega)$ 的单位为 $J \cdot s$，则 $E = \dfrac{1}{2\pi} \int_{-\infty}^{\infty} G(\omega) \, d\omega$ $G(\omega)$ 称为能量信号的能量频谱密度，简称能量谱。它描述了单位频带内信号的能量随 ω 分布的规律

📢:
小马哥 Tips

考研考查频率较高,需要背熟!

真题实战 《960 题》1-4-17。

4.6 连续采样信号的傅里叶变换与采样定理

4.6.1 信号最高频率

(1) 信号最高频率(卷小和大积相加)

若 $h_1(t)$ 截止频率为 ω_1,$h_2(t)$ 截止频率为 ω_2,$a>1$,则

① $h_1(t)*h_2(t)$ 的最高频率为 $\omega_m = \{\omega_1, \omega_2\}_{\min}$;

② $h_1(t)+h_2(t)$ 的最高频率为 $\omega_m = \{\omega_1, \omega_2\}_{\max}$;

③ $h_1(t) \cdot h_2(t)$ 的最高频率为 $\omega_m = \omega_1 + \omega_2$;

④ $h_1(at)$ 的最高频率为 $\omega_m = a\omega_1$;

⑤ $h_1\left(\dfrac{t}{a}\right)$ 的最高频率为 $\omega_m = \dfrac{\omega_1}{a}$。

📢:
小马哥 Tips

必须熟练掌握,考研必考!

真题实战 《960 题》5-3-21。

(2) 奈奎斯特(低通)采样定理

通常把满足采样定理要求的最低采样频率 $\omega_s = 2\omega_m$ 称为奈奎斯特频

率，把最大允许的采样间隔 $T_s = \dfrac{1}{f_s} = \dfrac{1}{2f_m}$ 称为奈奎斯特间隔。

小马哥 Tips

奥本海姆定义的奈奎斯特率为信号不发生混叠时的最高频率，定义奈奎斯特率为信号最高频率的二倍。国内教材一般没有区分这两个概念，统一为信号最高频率的二倍，所以此题大家按照自己考研院校教材的定义进行处理即可。

(3) 奈奎斯特（带通）采样定理

带通信号如图所示。

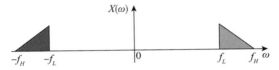

结论一：假设在对称的截止频率（$2f_H$）区间内，能容纳的完整的采样周期的个数为 m，则

$$m \leqslant \dfrac{2f_H}{2(f_H - f_L)} = \dfrac{f_H}{f_H - f_L}$$

$$\dfrac{2f_H}{m} \leqslant f_s \leqslant \dfrac{2f_L}{m-1}$$

结论二：假设在对称的截止频率（$2f_L$）区间内，能容纳的完整的采样周期的个数为 m，则

$$m \leqslant \frac{2f_L}{2(f_H - f_L)} = \frac{f_L}{f_H - f_L}$$

$$m + 1 = \frac{f_H}{f_H - f_L}$$

将上面公式所有的 m 都变成 $m+1$

$$\frac{2f_H}{m+1} \leqslant f_s \leqslant \frac{2f_L}{m}$$

📢:
小马哥 Tips

2023 年哈尔滨工程大学、东南大学等院校考查过此知识点，需要掌握!

真题实战　《960 题》5-3-44、5-3-45。

4.6.2 采样信号 $f_s(t)$ 及其频谱

设被采样的信号为 $f(t)$，采样脉冲为 $p(t)$，$f_s(t)$ 称为采样信号。

T_s 为采样间隔，$\omega_s = \dfrac{2\pi}{T_s}$ 称为采样角频率。

$$f_s(t) = f(t) \cdot p(t)$$

#	类别	定义
1	矩形脉冲采样	当 $p(t)$ 为矩形脉冲序列时，称为矩形脉冲采样。 $$f_s(t) = f(t) \sum_{n=-\infty}^{\infty} G_\tau(t - nT_s)$$ $$F_s(\omega) = \frac{E\tau}{T_s} \sum_{n=-\infty}^{\infty} \text{Sa}\left(\frac{n\omega_s \tau}{2}\right) F(\omega - n\omega_s)$$

续表

#	类别	定义
2	理想采样	当 $p(t)$ 为单位冲激序列时，称为理想采样。 $$f_s(t) = f(t) \cdot \delta_T(t) = f(t) \sum_{n=-\infty}^{\infty} \delta(t - nT_s)$$ $$F_s(\omega) = \frac{1}{T_s} \sum_{n=-\infty}^{\infty} F(\omega - n\omega_s)$$
3	理想采样信号的内插	$$x(t) = \sum_{n=-\infty}^{\infty} x(nT_s) \mathrm{Sa}\left[\frac{\omega_s}{2}(t - nT_s)\right]$$

小马哥 Tips

一般题目中，给出调制框图的形式，要求画出幅频特性和相频特性曲线。其中，T_s 为抽样周期，$\mathrm{Sa}\left(\dfrac{\omega_s t}{2}\right)$ 为理想低通的冲激响应。

4.6.3 采样定理

(1) 时域采样信号的傅里叶变换

$$f_s(t) = f(t) \cdot p(t) \leftrightarrow \sum_{n=-\infty}^{\infty} p_n F(\omega - n\omega_s)$$

其中

$$p_n = \frac{1}{T_s} \int_{T_s} p(t) \mathrm{e}^{-\mathrm{j}n\omega_s t} \mathrm{d}t$$

（2）时域采样冲激串

$$\delta_{T_s}(t) = \sum_{n=-\infty}^{\infty} \delta(t-nT_s) \leftrightarrow \frac{2\pi}{T_s} \sum_{n=-\infty}^{\infty} \delta(\omega-n\omega_s)$$

其中

$$\omega_s = \frac{2\pi}{T_s}$$

或

$$F_s(\omega) = \frac{1}{T_s} \sum_{n=-\infty}^{\infty} F(\omega-n\omega_s)$$

（3）采样定理的条件

①被采样的信号 $x(t)$ 必须是最高频率为 ω_m 的带限信号；

②采样频率 ω_s 必须大于等于两倍的 ω_m，即 $\omega_s \geq 2\omega_m$。

📢：

小马哥 Tips

熟练掌握。

4.7 离散时间时域分析

4.7.1 离散时间傅里叶级数（DFS）的定义

若 $x(n)$ 为周期信号，周期为 N，则其离散时间傅里叶级数为

$$x(n) = \sum_{k=0}^{N-1} X(k) e^{jk\omega_0 n}$$

$$X(k) = \frac{1}{N} \sum_{n=0}^{N-1} x(n) e^{-jk\omega_0 n} \qquad (*)$$

其中 $\omega_0 = \frac{2\pi}{N}$。

小马哥 Tips

注意这是信号与系统和数字信号处理的灰色地带,准确来讲属于数字信号处理的内容,但是如果在数字信号处理内,则 $\dfrac{1}{N}$ 的位置会有变换(如下面公式),这个不同教材的定义不同,大家以自己目标院校参考的教材为准。只考信号与系统的同学,一般以(*)式为准。

$$x(n)=\dfrac{1}{N}\sum_{n=0}^{N-1}X(k)\mathrm{e}^{jk\omega_0 n},\ X(k)=\sum_{n=0}^{N-1}x(n)\mathrm{e}^{-jk\omega_0 n}$$

真题实战 《960 题》6-4-1、6-4-4。

离散时间傅里叶级数的性质如下。

#	性质	周期信号	傅里叶级数系数
—	—	$x(n)$,$y(n)$周期为N,基波频率为 $\omega_0=\dfrac{2\pi}{N}$	a_k,b_k周期为N
1	线性	$Ax(n)+By(n)$	Aa_k+Bb_k
2	时移	$x(n-n_0)$	$a_k\mathrm{e}^{-jk\left(\frac{2\pi}{N}\right)n_0}$
3	频移	$\mathrm{e}^{jM\left(\frac{2\pi}{N}\right)n}x(n)$	a_{k-M}

续表

#	性质	周期信号	傅里叶级数系数
4	时域尺度变换	$x_m(n) = \begin{cases} x\left(\dfrac{n}{m}\right), & n \text{ 为 } m \text{ 的倍数} \\ 0, & \text{其他} \end{cases}$	$\dfrac{1}{m}a_k$ （看成周期的，周期为 mN）
5	周期卷积	$\sum_{r=<N>} x(r)y(n-r)$	$Na_k b_k$
6	相乘	$x(n)y(n)$	$\sum_{l=<N>} a_l b_{k-l}$
7	一阶差分	$x(n) - x(n-1)$	$\left[1 - e^{-j\left(\frac{2\pi}{N}\right)k}\right]a_k$
8	求和	$\sum_{n=-\infty}^{n} x(k)$ （仅当 $a_0 = 0$ 才为有限值且为周期的）	$\left[\dfrac{1}{1 - e^{-j\left(\frac{2\pi}{N}\right)k}}\right]a_k$
9	实信号的共轭对称性	$x(n)$ 为实信号	$\begin{cases} a_k = a_{-k}^* \\ \operatorname{Re}\{a_k\} = \operatorname{Re}\{a_{-k}\} \\ \operatorname{Im}\{a_k\} = -\operatorname{Im}\{a_{-k}\} \\ |a_k| = |a_{-k}| \\ \measuredangle a_k = -\measuredangle a_{-k} \end{cases}$
10	实偶信号	$x(n)$ 为实偶信号	a_k 为实偶函数
11	实奇信号	$x(n)$ 为实奇信号	a_k 为虚奇函数

续表

#	性质	周期信号	傅里叶级数系数
12	实信号的奇偶分解	$\begin{cases} x_{\mathrm{e}}(n) = \dfrac{1}{2}[x(n)+x(-n)] \\ x_{\mathrm{o}}(n) = \dfrac{1}{2}[x(n)-x(-n)] \end{cases}$	$\mathrm{Re}\{a_k\}$ $\mathrm{jIm}\{a_k\}$
13	卷积性质	$f(n)*g(n)$	$Na_k g_k$

4.7.2 非周期序列的离散时间傅里叶变换的定义

(1) 正变换

$$X(\mathrm{e}^{\mathrm{j}\omega}) = \sum_{n=-\infty}^{\infty} x(n)\mathrm{e}^{-\mathrm{j}\omega n}$$

(2) 逆变换

$$x(n) = \frac{1}{2\pi}\int_{-\pi}^{\pi} X(\mathrm{e}^{\mathrm{j}\omega})\mathrm{e}^{\mathrm{j}\omega n}\mathrm{d}\omega$$

(3) 傅里叶级数系数（DFS）$X(k)$ 和傅里叶变换 $X(\mathrm{e}^{\mathrm{j}\omega})$ 之间的关系

$$X(k) = \frac{1}{N}X(\mathrm{e}^{\mathrm{j}\omega})\bigg|_{\omega=k\omega_0} = \frac{1}{N}X(\mathrm{e}^{\mathrm{j}k\omega_0})$$

📢:
小马哥 Tips

注意，(3) 不考，仅做了解即可。

(4) 常见序列的傅里叶变换

#	$x(n)$	$F(e^{j\omega})$ 以 2π 为周期
1	单位冲激序列 $\delta(n)$	1
2	单位阶跃序列 $u(n)$	$\dfrac{1}{1-e^{-j\omega}}+\pi\sum_{k=-\infty}^{\infty}\delta(\omega-2k\pi)$
3	单边指数序列 $a^n u(n)$	$\dfrac{1}{1-ae^{-j\omega}}$, $\|a\|<1$
4	常数序列 1	$2\pi\sum_{k=-\infty}^{\infty}\delta(\omega-2\pi k)$
5	双边指数序列 $a^{\|n\|}$	$\dfrac{1-a^2}{1-2a\cos\omega+a^2}$
6	斜边衰减序列 $(n+1)a^n u(n)$	$\dfrac{1}{(1-ae^{-j\omega})^2}$, $\|a\|<1$
7	矩形脉冲序列 $u(n+M)-u(n-M-1)$	$\dfrac{\sin\left[\dfrac{(2M+1)\omega}{2}\right]}{\sin\left(\dfrac{\omega}{2}\right)}$
8	抽样函数序列 $\dfrac{\omega_c}{\pi}\text{Sa}(\omega_c n)$	$\sum_{k=-\infty}^{\infty}\left[u(\omega+\omega_c-2k\pi)-u(\omega-\omega_c-2k\pi)\right]$

续表

#	$x(n)$	$F(e^{j\omega})$ 以 2π 为周期
9	正弦序列 $\sin(\omega_0 n)$	$\dfrac{\pi}{j}\sum\limits_{k=-\infty}^{\infty}\left[\delta(\omega-\omega_0-2k\pi)-\delta(\omega+\omega_0-2k\pi)\right]$
10	余弦序列 $\cos(\omega_0 n)$	$\pi\sum\limits_{k=-\infty}^{\infty}\left[\delta(\omega-\omega_0-2k\pi)+\delta(\omega+\omega_0-2k\pi)\right]$
11	指数序列 $e^{j\omega_0 n}$	$2\pi\sum\limits_{k=-\infty}^{\infty}\delta(\omega-\omega_0-2k\pi)$
12	周期冲激序列 $\sum\limits_{m=-\infty}^{\infty}\delta(n-mN)$	$\omega_0\sum\limits_{m=-\infty}^{\infty}\delta(\omega-m\omega_0)$

📢:

小马哥 Tips

目标院校是考查序列的傅里叶变换的学校，比如要考华南理工大学的同学，需要掌握这些内容。

真题实战 《960题》6-3-8。

（5）非周期序列的离散时间傅里叶变换的主要性质

#	性质	表达式
1	线性	$\sum\limits_{i=1}^{N}a_i x_i(n) \xleftrightarrow{\text{DTFT}} \sum\limits_{i=1}^{N}a_i X_i(e^{j\omega})$

续表

#	性质	表达式
2	共轭对称性	$X^*(n) \xleftrightarrow{\text{DTFT}} X^*(e^{-j\omega})$
3	时移特性	$x(n-n_0) \xleftrightarrow{\text{DTFT}} e^{-jn_0\omega} \cdot X(e^{j\omega})$
4	频移特性	$e^{jn\omega_0} x(n) \xleftrightarrow{\text{DTFT}} X[e^{j(\omega-\omega_0)}]$
5	时域扩展	$x_{(a)}(n) = \begin{cases} x\left(\dfrac{n}{a}\right), & n\text{为}a\text{的倍数} \\ 0, & n\text{不为}a\text{的倍数} \end{cases} \xleftrightarrow{\text{DTFT}} X(e^{ja\omega})$
6	差分	$\nabla x(n) \xleftrightarrow{\text{DTFT}} X(e^{j\omega})(1-e^{-j\omega})$
7	累加	$\displaystyle\sum_{k=-\infty}^{n} x(k) \xleftrightarrow{\text{DTFT}} \dfrac{1}{1-e^{-j\omega}} X(e^{j\omega}) + \pi X(e^{j0}) \sum_{k=-\infty}^{\infty} \delta(\omega-2k\pi)$
8	频域微分	$nx(n) \xleftrightarrow{\text{DTFT}} j\dfrac{d[X(e^{j\omega})]}{d\omega}$
9	时域卷积	$x(n) * h(n) \xleftrightarrow{\text{DTFT}} X(e^{j\omega}) \cdot H(e^{j\omega})$
10	频域卷积	$x(n) \cdot z(n) \xleftrightarrow{\text{DTFT}} \dfrac{1}{2\pi} X(e^{j\omega}) * Z(e^{j\omega})$
11	帕塞瓦尔定理	$\displaystyle\sum_{n=-\infty}^{\infty} |x(n)|^2 = \dfrac{1}{2\pi} \int_{-\pi}^{\pi} |X(e^{j\omega})|^2 d\omega$

续表

#	性质	表达式
12	时间反转特性	$\mathcal{F}[x(-n)] = X(\mathrm{e}^{-\mathrm{j}\omega})$
13	奇偶虚实性	$\mathcal{F}[x^*(n)] = X^*(\mathrm{e}^{-\mathrm{j}\omega})$ $\mathcal{F}[x^*(-n)] = X^*(\mathrm{e}^{\mathrm{j}\omega})$ $\mathcal{F}[x_\mathrm{e}(n)] = \mathrm{Re}\{X(\mathrm{e}^{\mathrm{j}\omega})\}$ $\mathcal{F}[x_\mathrm{o}(n)] = \mathrm{jIm}\{X(\mathrm{e}^{\mathrm{j}\omega})\}$ $\mathcal{F}[\mathrm{Re}\{x(n)\}] = X_\mathrm{e}(\mathrm{e}^{\mathrm{j}\omega})$ $\mathcal{F}[\mathrm{jIm}\{x(n)\}] = X_\mathrm{o}(\mathrm{e}^{\mathrm{j}\omega})$ $x_\mathrm{e}(n) = \dfrac{1}{2}[x(n) + x^*(-n)]$ $x_\mathrm{o}(n) = \dfrac{1}{2}[x(n) - x^*(-n)]$ $X_\mathrm{e}(\mathrm{e}^{\mathrm{j}\omega}) = \dfrac{1}{2}[X(\mathrm{e}^{\mathrm{j}\omega}) + X^*(\mathrm{e}^{-\mathrm{j}\omega})]$ $X_\mathrm{o}(\mathrm{e}^{\mathrm{j}\omega}) = \dfrac{1}{2}[X(\mathrm{e}^{\mathrm{j}\omega}) - X^*(\mathrm{e}^{-\mathrm{j}\omega})]$

小马哥 Tips

注意，目标院校是经常考查序列的傅里叶变换的院校的同学，需要背诵上述内容。

真题实战 《960 题》6-3-10。

4.8 线性时不变系统的频率响应

4.8.1 线性时不变系统对复指数信号的响应

若以 $e^{j\omega_0 t}$ 作为激励,则系统的稳态响应为

$$\begin{aligned} T[e^{j\omega_0 t}] &= \int_{-\infty}^{\infty} h(\tau) e^{j\omega_0 (t-\tau)} d\tau \\ &= e^{j\omega_0 t} \int_{-\infty}^{\infty} h(\tau) e^{-j\omega_0 \tau} d\tau \\ &= e^{j\omega_0 t} H(j\omega_0) \end{aligned}$$

其中 $T[\ ]$ 表示以 $[\ ]$ 中的信号作为激励求得的响应,或用傅里叶变换分析法表示为

$$\begin{aligned} R(j\omega) &= E(j\omega) H(j\omega) \\ &= 2\pi\delta(\omega - \omega_0) H(j\omega) \\ &= 2\pi\delta(\omega - \omega_0) H(j\omega_0) \end{aligned}$$

$r(t) = T[e^{j\omega_0 t}] = H(j\omega_0) e^{j\omega_0 t}$ 表明系统的响应等于激励 $e^{j\omega_0 t}$ 乘以加权函数 $H(j\omega_0)$。复指数信号 $e^{j\omega_0 t}$ 是 LTI 系统特征值为 $H(j\omega_0)$ 的特征函数。

4.8.2 线性时不变系统对傅里叶级数表示式的响应

$$T\left[\sum_{n=-\infty}^{\infty} F_n e^{jn\omega_1 t}\right] = \sum_{n=-\infty}^{\infty} F_n H(jn\omega_1) e^{jn\omega_1 t}$$

4.8.3 一般非周期信号经过系统的响应

若输入 $e(t)$ 为非周期信号,则

$$R(j\omega) = E(j\omega)H(j\omega)$$
$$r(t) = \frac{1}{2\pi}\int_{-\infty}^{\infty} E(j\omega)H(j\omega)e^{j\omega t}d\omega$$

令

$$R(j\omega) = |R(j\omega)|e^{j\varphi_R(\omega)}$$
$$E(j\omega) = |E(j\omega)|e^{j\varphi_E(\omega)}$$
$$H(j\omega) = |H(j\omega)|e^{j\varphi_H(\omega)}$$

则

$$|R(j\omega)| = |E(j\omega)||H(j\omega)|$$
$$\varphi_R(\omega) = \varphi_E(\omega) + \varphi_H(\omega)$$

说明 $H(j\omega)$ 是一个加权函数，信号经过系统传输后，其幅度频谱被 $|H(j\omega)|$ 加权，相位被 $\varphi_H(\omega)$ 修正。幅频特性 $|H(j\omega)|$ 有时也被称为系统的增益。

📢 小马哥 Tips

结合后面的特征输入和正弦稳态总结一起学习。

4.9 系统无失真传输条件

#	类别	表达式
1	时域表达式	$r(t) = ke(t-t_0)$
2	单位冲激响应	$h(t) = k\delta(t-t_0)$

续表

#	类别	表达式
3	频域表达式	$R(j\omega)=kE(j\omega)e^{-j\omega t_0}$
4	频率响应	$H(j\omega)=ke^{-j\omega t_0}$
5	幅频特性	$|H(j\omega)|=k$
6	相频响应	$\varphi(\omega)=-\omega t_0$
7	群延迟	$-\dfrac{d}{d\omega}[\varphi(\omega)]=t_0$

无失真传输系统的幅频和相频特性如图所示。

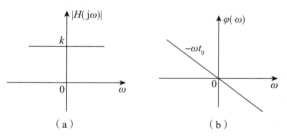

$H(j\omega)$ 的幅频特性必须是一个与频率无关的常数,相频特性必须是频率的线性函数,也就是相频特性必须是过原点的直线。

小马哥 Tips

重要知识点,牢记无失真系统的幅频特性和相频特性,缺一不可!

4.10 理想低通滤波器的特性

#	内容要点	内容
1	频率响应	$H(j\omega) = \begin{cases} e^{-j\omega t_0}, & |\omega| \leq \omega_c \\ 0, & |\omega| > \omega_c \end{cases}$
2	频率响应波形	
3	幅频特性	$|H(j\omega)| = \begin{cases} 1, & |\omega| \leq \omega_c \\ 0, & |\omega| > \omega_c \end{cases}$
4	相频特性	$\varphi(\omega) = \begin{cases} -\omega t_0, & |\omega| \leq \omega_c \\ 0, & |\omega| > \omega_c \end{cases}$
5	冲激响应	$h(t) = \dfrac{\omega_c}{\pi} \dfrac{\sin[\omega_c(t-t_0)]}{\omega_c(t-t_0)}$ $= \dfrac{\omega_c}{\pi} \text{Sa}[\omega_c(t-t_0)]$

续表

#	内容要点	内容
6	阶跃响应	$g(t) = \dfrac{1}{2} + \dfrac{1}{\pi}\int_0^{\omega_c(t-t_0)} \dfrac{\sin x}{x}\mathrm{d}x$ $= \dfrac{1}{2} + \dfrac{1}{\pi}\mathrm{Si}[\omega_c(t-t_0)]$ 其中 $\mathrm{Si}(y)$ 称为正弦积分，且 $\mathrm{Si}(y) = \int_0^y \dfrac{\sin x}{x}\mathrm{d}x$

📢:

小马哥 Tips

重要知识点，表格最后一行阶跃响应一般不考。

4.11 调制解调

(1) 正弦幅度调制（调制定理）

时域：

$$y(t) = x(t)\cos(\omega_0 t)$$

频域：

$$Y(\omega) = \dfrac{1}{2}[X(\omega+\omega_0) + X(\omega-\omega_0)]$$

📢:

小马哥 Tips

重要知识点，考研必考！

真题实战 《960题》5-2-1。

(2) 自然抽样的脉冲幅度调制

时域:
$$y(t) = x(t)p(t)$$

其中
$$p(t) = \sum_{n=-\infty}^{\infty} [u(t-nT_s) - u(t-\tau-nT_s)]$$

频域:
$$Y(\omega) = \frac{\tau}{T_s} \sum_{n=-\infty}^{\infty} \text{Sa}\left(\frac{n\omega_s \tau}{2}\right) e^{-j\frac{n\omega_s \tau}{2}} X(\omega - n\omega_s)$$

其中
$$\omega_s = \frac{2\pi}{T_s}$$

(3) 平顶抽样的脉冲幅度调制

时域:
$$y(t) = x_s(t) * [u(t) - u(t-\tau)]$$

其中
$$x_s(t) = x(t) \sum_{n=-\infty}^{\infty} \delta(t-nT_s)$$

频域:
$$Y(\omega) = \frac{\tau}{T_s} \sum_{n=-\infty}^{\infty} \text{Sa}\left(\frac{\omega \tau}{2}\right) e^{-j\omega\frac{\tau}{2}} X(\omega - n\omega_s)$$

其中
$$\omega_s = \frac{2\pi}{T_s}$$

(4) 抑制载波振幅调制

抑制载波振幅调制的系统框图如图所示,其中 $g(t)$ 称为调制信号, $f(t)$ 称为已调信号, ω_c 称为载波角频率, $\omega_c \gg \omega_m$, ω_m 为信号 $g(t)$ 的带宽。

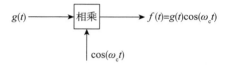

已调信号为

$$f(t) = g(t)\cos(\omega_c t)$$

$f(t)$ 的频谱函数为

$$F(\omega) = \frac{1}{2}G(\omega + \omega_c) + \frac{1}{2}G(\omega - \omega_c)$$

同步解调:

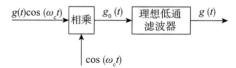

$$g_0(t) = [g(t)\cos(\omega_c t)]\cos(\omega_c t) = \frac{1}{2}g(t) + \frac{1}{2}g(t)\cos(2\omega_c t)$$

$g_0(t)$ 的频谱函数为

$$\mathcal{F}[g_0(t)] = \frac{1}{2}G(\omega) + \frac{1}{4}[G(\omega + 2\omega_c) + G(\omega - 2\omega_c)]$$

再利用一个低通滤波器（$\omega_m < |\omega| < 2\omega_c - \omega_m$），滤除在频率为 $2\omega_c$ 附近的分量，即可求出 $g(t)$，完成解调。

小马哥 Tips

无须背诵，一般出在调制解调的大题中。

4.12 带通信号经过带通滤波器的常用结论

若两个带通可以表示成低通调制的形式，如：

$$e(t) = e_1(t)\cos(\omega_c t),\ h(t) = h_1(t)\cos(\omega_c t)$$

若

$$r_1(t) = e_1(t) * h_1(t)$$

则输出信号为

$$r(t) = \frac{1}{2} r_1(t) \cos(\omega_c t)$$

小马哥 Tips

涉及这个知识点的题目是《960题》必含的题目，也是2023年真题多次考查的题目，不背结论也能通过特征输入做出答案，但是背诵此结论会更节省时间。此类题目考法单一，想用结论必须严格按照所给的条件处理。

真题实战 《960题》8-1-13、8-1-14。

4.13 带宽

4.13.1 滤波器的带宽（通带的宽度，绝对带宽）

如图所示，若低通滤波器截止频率为 ω_c，则带宽为 ω_c。若为带通滤波器，则带宽为 $\omega_2 - \omega_1$。

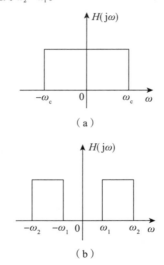

📢
小马哥 Tips

这里需注意低通信号和带通信号的计算方式不同，但是都是只计算正频率部分。平时题目中所说的带限信号,就是有限频带信号,带宽一定是一个有限值。

4.13.2 3 dB 带宽、半功率点带宽(正频率部分)

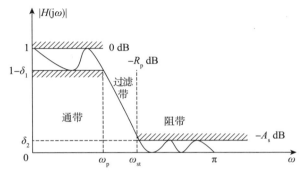

对数幅度定义:增益 $20\lg|H(\mathrm{j}\omega)|=10\lg|H(\mathrm{j}\omega)|^2$,衰减 = − 增益 = $-20\lg|H(\mathrm{j}\omega)|$,单位分贝(dB)。

小马哥 Tips

注意实际题目中 ω_0 处的衰减计算公式为

(3 dB 带宽、半功率点带宽即增益)

$$20\lg\left|\frac{H(\mathrm{e}^{\mathrm{j}\omega_0})}{H(\mathrm{e}^{\mathrm{j}\omega})_{\max}}\right|=10\lg\left|\frac{H(\mathrm{e}^{\mathrm{j}\omega_0})}{H(\mathrm{e}^{\mathrm{j}\omega})_{\max}}\right|^2=-3$$

即

$$\left|\frac{H(\mathrm{e}^{\mathrm{j}\omega_0})}{H(\mathrm{e}^{\mathrm{j}\omega})_{\max}}\right|^2=\frac{1}{2}$$

$$\frac{|H(e^{j\omega_0})|}{|H(e^{j\omega})|_{\max}} = \frac{\sqrt{2}}{2}$$

如图所示，图中 ω_0 点即为 3 dB 带宽频率点。

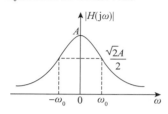

真题实战 《960 题》10-3-2。

小马哥 Tips

#	低通信号	带通信号
1	3 dB 带宽定义为中心频率的幅度谱 $\|H(j\omega)\|_{\max}$ 下降为 $\|H(j\omega)\|_{\max} \cdot \frac{\sqrt{2}}{2} = \|H(j\omega_0)\|$ 时对应的频率点，如图所示，带宽为 ω_0	3 dB 带宽定义为中心频率的幅度谱 $\|H(j\omega)\|_{\max}$ 下降为 $\|H(j\omega)\|_{\max} \cdot \frac{\sqrt{2}}{2} = \|H(j\omega_1)\| = \|H(j\omega_2)\|$ 时对应的频率点，如图所示，带宽为 $\omega_2 - \omega_1$。 注：中国科学院大学 2023 年真题有所考查

续表

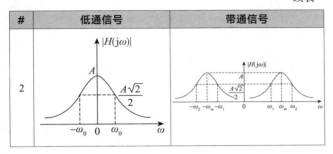

4.13.3 第一过零点带宽

一般应用于矩形脉冲信号,其频谱 Sa 函数若第一个零点为 $\dfrac{2\pi}{\tau}$,定义此信号的带宽为 $\dfrac{2\pi}{\tau}$。

📢:
小马哥 Tips

因为 Sa 函数主瓣的面积比剩余所有旁瓣加起来的面积都大,能量主要在主瓣,所以才有此定义。

4.14 相关

4.14.1 自相关与互相关

#	类型	能量信号的相关函数	功率信号的相关函数
1	互相关函数	$R_{12}(\tau)$ $=\int_{-\infty}^{\infty}f_1(t)f_2^*(t-\tau)\mathrm{d}t$ $=\int_{-\infty}^{\infty}f_1(t+\tau)f_2^*(t)\mathrm{d}t$ $R_{21}(\tau)$ $=\int_{-\infty}^{\infty}f_1^*(t-\tau)f_2(t)\mathrm{d}t$ $=\int_{-\infty}^{\infty}f_1^*(t)f_2(t+\tau)\mathrm{d}t$	$R_{12}(\tau)=\lim_{T\to\infty}\frac{1}{T}\int_{-\frac{T}{2}}^{\frac{T}{2}}f_1(t)f_2^*(t-\tau)\mathrm{d}t$ $=\lim_{T\to\infty}\frac{1}{T}\int_{-\frac{T}{2}}^{\frac{T}{2}}f_1(t+\tau)f_2^*(t)\mathrm{d}t$ $R_{21}(\tau)=\lim_{T\to\infty}\frac{1}{T}\int_{-\frac{T}{2}}^{\frac{T}{2}}f_1^*(t-\tau)f_2(t)\mathrm{d}t$ $=\lim_{T\to\infty}\frac{1}{T}\int_{-\frac{T}{2}}^{\frac{T}{2}}f_1^*(t)\cdot f_2(t+\tau)\mathrm{d}t$ $R_{12}(\tau)=R_{21}^*(-\tau)$ 注：对于周期信号，可以把极限符号去掉，只在一个周期计算即可
2	自相关函数	$R(\tau)=R_{11}(\tau)$ $=\int_{-\infty}^{\infty}f_1(t)f_1^*(t-\tau)\mathrm{d}t$ $=\int_{-\infty}^{\infty}f_1(t+\tau)f_1^*(t)\mathrm{d}t$ $R(0)=\int_{-\infty}^{\infty}f_1(t)f_1^*(t)\mathrm{d}t$ $=E$ $R(\tau)=R^*(-\tau)$ $R(\tau)\leftrightarrow$ 能量谱密度 $\|F(\omega)\|^2$	$R(\tau)=\lim_{T\to\infty}\frac{1}{T}\int_{-\frac{T}{2}}^{\frac{T}{2}}f_1(t+\tau)\cdot f_1^*(t)\mathrm{d}t$ $R(0)=\lim_{T\to\infty}\frac{1}{T}\int_{-\frac{T}{2}}^{\frac{T}{2}}f_1(t)f_1^*(t)\mathrm{d}t=P$ 注：对于周期信号，可以把极限符号去掉，只在一个周期计算即可。 $R(\tau)=R^*(-\tau)$ $R(\tau)\leftrightarrow$ 功率谱密度 $\lim_{T\to\infty}\frac{\|F_T(\omega)\|^2}{T}$

📢 小马哥 Tips

重要知识点,自相关必须掌握公式,互相关一般不考。

4.14.2 相关与卷积的关系

三角函数的自相关函数公式:

形如 $E\cos(\omega t+\varphi)$ 和 $E\sin(\omega t+\varphi)$,自相关函数为

$$R(\tau)=\frac{E^2}{2}\cos(\omega\tau)$$

可以直接得出三角函数的功率为 $R(0)=\dfrac{E^2}{2}$。

📢 小马哥 Tips

非常常用,中国科学院大学 2022 年真题,如果知道这个知识点,可以秒杀。但是需要注意,如果 $E\cos(\omega t+\varphi)$ 和 $E\sin(\omega t+\varphi)$ 带了阶跃,比如 $E\cos(\omega t+\varphi)u(t)$ 和 $E\sin(\omega t+\varphi)u(t)$,就不能用这个公式计算。

4.14.3 能量谱与功率谱(维纳-辛钦定理)

(1) 能量谱密度(能量频谱,能量谱)(单位频率的信号能量)

$$G(\omega)=|F(\omega)|^2$$

总能量:

$$E=\frac{1}{2\pi}\int_{-\infty}^{\infty}|F(\omega)|^2\,\mathrm{d}\omega$$

$$= \int_{-\infty}^{\infty} |F(f)|^2 \, df$$

$$= \int_{-\infty}^{\infty} |f(t)|^2 \, dt$$

能量谱密度与自相关函数为一对傅里叶变换对。

(2) 功率谱密度

$$\Phi(\omega) = \lim_{T \to \infty} \frac{|F_T(\omega)|^2}{T}$$

$$= 2\pi \sum_{n=-\infty}^{\infty} |F_n|^2 \delta(\omega - n\omega_0), \quad \omega_0 = \frac{2\pi}{T}$$

平均功率:

$$P = \overline{f^2(t)} = \frac{1}{T} \int_{-\frac{T}{2}}^{\frac{T}{2}} |f(t)|^2 \, dt = \sum_{n=-\infty}^{\infty} |F_n|^2$$

功率谱密度与自相关函数为一对傅里叶变换对。

📢:
小马哥 Tips

非常常用,功率谱和能量谱基本都是这么画。

真题实战 《960题》1-4-10。

4.14.4 离散序列的相关

$$R_{xy}(m) = \sum_{n=-\infty}^{\infty} x(n)y(n-m), \quad R_{xx}(m) = \sum_{n=-\infty}^{\infty} x(n)x(n-m)$$

📢:
小马哥 Tips

考查频率不高。

4.14.5 信号经过线性时不变系统后输出的自相关函数、能量谱密度和功率谱密度

①能量信号：

$$G_r(\omega) = |H(j\omega)|^2 G_e(\omega)$$

②功率信号：

$$\Phi_r(\omega) = |H(j\omega)|^2 \Phi_e(\omega)$$

$$R_r(\tau) = R_e(\tau) * R_h(\tau)$$

4.15 系统的物理可实现性（佩利 - 维纳准则）

物理可实现的网络。

时域特性：满足 $h(t) = h(t)u(t)$，即因果条件。

频域特性：满足 $\int_{-\infty}^{\infty} |H(j\omega)|^2 d\omega < \infty$，即 $|H(j\omega)|$ 满足平方可积条件。

佩利 - 维纳准则——系统可实现的必要条件：

$$\int_{-\infty}^{\infty} \frac{|\ln|H(j\omega)||}{1+\omega^2} d\omega < \infty$$

小马哥 Tips

了解即可，一些学校会考简答题，能把它默写出来就可以了。

4.16 利用希尔伯特变换研究系统函数的约束特性

对于因果系统，若 $h(t)$ 在原点不包含 $\delta(t)$，且 $h(t) \leftrightarrow H(j\omega) = R(\omega) + jX(\omega)$，则有

$$R(\omega)=\frac{1}{\pi}\int_{-\infty}^{\infty}\frac{X(\lambda)}{\omega-\lambda}\mathrm{d}\lambda$$

$$X(\omega)=-\frac{1}{\pi}\int_{-\infty}^{\infty}\frac{R(\lambda)}{\omega-\lambda}\mathrm{d}\lambda$$

小马哥 Tips

证明题、判断题都可能出，掌握一个因果信号，频域实部和虚部是互相制约的，也就是知道一个就可以算出另外一个。

真题实战 《960题》11-6-41。

第五章 拉普拉斯变换

5.1 拉普拉斯变换的概念

5.1.1 定义及收敛域

#	类型	表达式	逆变换
1	双边拉普拉斯变换对	$F_b(s)=\mathcal{L}[f(t)]=$ $\int_{-\infty}^{\infty}f(t)\mathrm{e}^{-st}\mathrm{d}t$	$f(t)=\mathcal{L}^{-1}[F_b(s)]=$ $\frac{1}{2\pi\mathrm{j}}\int_{\sigma-\mathrm{j}\infty}^{\sigma+\mathrm{j}\infty}F_b(s)\mathrm{e}^{st}\mathrm{d}s$ 其中,$s=\sigma+\mathrm{j}\omega$ 称为复频率
2	单边拉普拉斯变换对	$F(s)=\mathcal{L}[f(t)]=$ $\int_{0_-}^{\infty}f(t)\mathrm{e}^{-st}\mathrm{d}t$	$f(t)=\mathcal{L}^{-1}[F(s)]=$ $\frac{1}{2\pi\mathrm{j}}\int_{\sigma-\mathrm{j}\infty}^{\sigma+\mathrm{j}\infty}F(s)\mathrm{e}^{st}\mathrm{d}s,\ t\geqslant 0$

📢:

小马哥 Tips

通常背的都是双边,因为对 $f(t)$ 做单边就是对 $f(t)u(t)$ 做双边。

注:因果信号的双边拉普拉斯变换等于单边拉普拉斯变换。

真题实战《960 题》4-2-17。

(1) 收敛域的定义

使 $F(s)$ 存在的复变量 s 的取值区域称为函数 $F(s)$ 的收敛域,记为 ROC。

#	信号分类	举例	收敛域
1	因果信号	$e^{\alpha t}u(t)$	$\sigma > \alpha$
2	反因果信号	$e^{\beta t}u(-t)$	$\sigma < \beta$
3	非因果信号	$e^{\alpha t}u(t)+\delta(t+1)$	$\sigma > \alpha$
		$e^{\beta t}u(-t)+\delta(t-1)$	$\sigma < \beta$
4	双边信号	$e^{\alpha t}u(t)+e^{\beta t}u(-t)$	$\alpha < \sigma < \beta$
5	右边信号	$e^{\alpha t}u(t)$	$\sigma > \alpha$
6	左边信号	$e^{\beta t}u(-t)$	$\sigma < \beta$

（2）典型信号一览

#	典型信号	信号	因果信号	反因果信号
1	时限信号（有始有终，能量有限的信号）	矩形窗：$EG_\tau(t)$ 三角窗：$Etri_\tau(t)$ 单个脉冲信号	$\sigma > -\infty$（s全平面）	$\sigma < \infty$（s全平面）
2	平稳信号	正余弦信号	$\sigma > 0$	$\sigma < 0$
3	增长信号	$e^{\alpha t}$	$\sigma_0 > \alpha$	$\sigma_0 < \alpha$
4	衰减信号	$e^{-\alpha t}$	$\sigma_0 > -\alpha$	$\sigma_0 < -\alpha$

续表

#	典型信号	信号	因果信号	反因果信号
5	不收敛信号	$e^{t^{1000}}$	没有任何收敛域能够使其收敛	—

小马哥 Tips

熟练记忆和掌握，时限信号的收敛域为全平面经常用。

5.1.2 双边拉普拉斯变换的性质

#	性质名称	时间函数 $f(t)$	复频域函数 $F_b(s)$
1	线性	$af_1(t)+bf_2(t)$	$aF_{b1}(s)+bF_{b2}(s)$
2	时移	$f(t-t_0)$	$e^{-st_0}F_b(s)$
3	s 域平移	$e^{s_0 t}f(t)$	$F_b(s-s_0)$
4	尺度变换	$f(at)$	$\dfrac{1}{\|a\|}F_b\left(\dfrac{s}{a}\right)$
5	时域微分	$\dfrac{d}{dt}[f(t)]$	$sF_b(s)$
6	s 域微分	$-tf(t)$	$\dfrac{d}{ds}[F_b(s)]$
7	时域积分	$\int_{-\infty}^{t} f(\tau)d\tau$	$\dfrac{1}{s}F_b(s)$

续表

#	性质名称	时间函数 $f(t)$	复频域函数 $F_b(s)$
8	s 域积分	$\dfrac{1}{t}f(t)$	$\displaystyle\int_s^\infty F_b(\eta)\,\mathrm{d}\eta$
9	时域卷积	$f_1(t)*f_2(t)$	$F_{b1}(s)\cdot F_{b2}(s)$
10	s 域卷积 （用不上）	$f_1(t)\cdot f_2(t)$	$\dfrac{1}{2\pi\mathrm{j}}\displaystyle\int_{c-\mathrm{j}\infty}^{c+\mathrm{j}\infty}F_{b1}(\eta)F_{b2}(s-\eta)\,\mathrm{d}\eta$

小马哥 Tips

熟练记忆和掌握，一般背的都是双边，只需要记住对 $f(t)$ 做单边就是对 $f(t)u(t)$ 做双边。

真题实战 《960题》4-2-11。

5.1.3 单边拉普拉斯变换的基本性质

#	性质名称	时间函数 $f(t)$	复频域函数 $F(s)$	收敛域
1	线性	$C_1 f_1(t)+C_2 f_2(t)$	$C_1 F_1(s)+C_2 F_2(s)$	$\sigma>\max\{\sigma_1,\sigma_2\}$
2	时移	$f(t-t_0)u(t-t_0)$ $t_0>0$	$F(s)\mathrm{e}^{-st_0}$ $t_0>0$	$\sigma>\sigma_0$
3	尺度变换	$f(at),\ a>0$	$\dfrac{1}{a}F\left(\dfrac{s}{a}\right)$	$\sigma>a\sigma_0$

续表

#	性质名称	时间函数 $f(t)$	复频域函数 $F(s)$	收敛域
4	频移	$f(t)\mathrm{e}^{s_0 t}$ s_0 为复常数	$F(s-s_0)$	$\sigma > \sigma_0 + \mathrm{Re}\{s_0\}$
5	时域微分	$\dfrac{\mathrm{d}[f(t)]}{\mathrm{d}t}$	$sF(s) - f(0_-)$	$\sigma > \sigma_0$
		$\dfrac{\mathrm{d}[f^n(t)]}{\mathrm{d}t^n}$	$s^n F(s) - \sum_{r=0}^{n-1} s^{n-r-1} f^{(r)}(0_-)$	$\sigma > \sigma_0$
6	时域积分	$\int_{-\infty}^{t} f(\tau)\mathrm{d}\tau$	$\dfrac{F(s)}{s} + \dfrac{f^{-1}(0_-)}{s}$	—
7	时域卷积	$f_1(t) * f_2(t)$	$F_1(s) \cdot F_2(s)$	$\sigma > \max\{\sigma_1, \sigma_2\}$
8	时域相乘	$f_1(t) \cdot f_2(t)$	$\dfrac{1}{2\pi\mathrm{j}} \int_{c-\mathrm{j}\infty}^{c+\mathrm{j}\infty} F_1(\eta) \cdot F_2(s-\eta)\mathrm{d}\eta$	$\sigma_1 < c < \sigma - \sigma_2$ $\sigma > \sigma_1 + \sigma_2$
9	s 域微分	$-tf(t)$	$F'(s)$	$\sigma > \sigma_0$
10	s 域积分	$\dfrac{f(t)}{t}$	$\int_s^{\infty} F(\eta)\mathrm{d}\eta$	$\sigma > \sigma_0$
11	初值定理	$\lim\limits_{t \to 0_+} f(t) = f(0_+) = \lim\limits_{s \to \infty} sF_1(s)$,$F_1(s)$ 是 $F(s)$ 分离出的真分式。如果 $F(s)$ 本身就是真分式,则可以直接用初值定理		

续表

#	性质名称	时间函数 $f(t)$	复频域函数 $F(s)$	收敛域
12	终值定理	$f(\infty) = \lim_{s \to 0} sF(s)$,当 $s=0$ 在 $sF(s)$ 的收敛域内,即终值存在的,才能使用终值定理		

小马哥 Tips

初值定理、终值定理一定要注意使用条件。

真题实战 《960 题》4-9-4、4-9-5。

5.1.4 拉普拉斯逆变换常用公式

#	情况	象函数	原函数
1	单极点	$F(s) = \sum_{i=1}^{n} \dfrac{K_i}{s - s_i}$	$f(t) = \sum_{i=1}^{n} K_i e^{s_i t} u(t)$
2	共轭单极点	$F(s) = \dfrac{K_1}{s - \alpha - j\beta} + \dfrac{K_2}{s - \alpha + j\beta}$	$f(t) = 2e^{\alpha t}[A\cos(\beta t) - B\sin(\beta t)]u(t)$
		$\dfrac{\beta}{s^2 + \beta^2}$	$\sin(\beta t) u(t)$
		$\dfrac{s}{s^2 + \beta^2}$	$\cos(\beta t) u(t)$

续表

#	情况	象函数	原函数
2	共轭单极点	$\dfrac{\beta}{(s+\alpha)^2+\beta^2}$	$e^{-\alpha t}\sin(\beta t)u(t)$
		$\dfrac{s+\alpha}{(s+\alpha)^2+\beta^2}$	$e^{-\alpha t}\cos(\beta t)u(t)$
3	重极点	$F(s)=\dfrac{K_{11}}{(s-s_1)^r}+\dfrac{K_{12}}{(s-s_1)^{r-1}}+\cdots+\dfrac{K_{1r}}{s-s_1}$	$f(t)=\left[\sum_{i=1}^{r}\dfrac{K_{1i}}{(r-i)!}t^{r-i}\right]e^{s_1 t}u(t)$

小马哥 Tips

不用特殊背,把下面的常见信号的变换对都背下来,自然融会贯通。

真题实战 《960 题》4-2-35。

5.1.5 常见信号的拉普拉斯变换

#	名称	时间函数$f(t)$	复频域函数$F(s)$	收敛域
1	单位冲激偶信号	$\delta'(t)$	s	全部 s
2	单位冲激信号	$\delta(t)$	1	全部 s
3	单位阶跃信号	$u(t)$	$\dfrac{1}{s}$	$\sigma>0$

续表

#	名称	时间函数 $f(t)$	复频域函数 $F(s)$	收敛域
3	单位阶跃信号	$-u(-t)$	$\dfrac{1}{s}$	$\sigma<0$
4	斜边信号	$tu(t)$	$\dfrac{1}{s^2}$	$\sigma>0$
5	单边指数信号	$e^{-\alpha t}u(t)$	$\dfrac{1}{s+\alpha}$	$\sigma>-\alpha$
		$-e^{-\alpha t}u(-t)$	$\dfrac{1}{s+\alpha}$	$\sigma<-\alpha$
		$te^{-\alpha t}u(t)$	$\dfrac{1}{(s+\alpha)^2}$	$\sigma>-\alpha$
6	正弦信号	$\sin(\omega t)\cdot u(t)$	$\dfrac{\omega}{s^2+\omega^2}$	$\sigma>0$
7	余弦信号	$\cos(\omega t)\cdot u(t)$	$\dfrac{s}{s^2+\omega^2}$	$\sigma>0$
8	正弦衰减信号	$e^{-\alpha t}\sin(\omega t)\cdot u(t)$	$\dfrac{\omega}{(s+\alpha)^2+\omega^2}$	$\sigma>-\alpha$
9	余弦衰减信号	$e^{-\alpha t}\cos(\omega t)\cdot u(t)$	$\dfrac{s+\alpha}{(s+\alpha)^2+\omega^2}$	$\sigma>-\alpha$
10	正弦斜变信号	$t\sin(\omega t)\cdot u(t)$	$\dfrac{2\omega s}{(s^2+\omega^2)^2}$	$\sigma>0$

续表

#	名称	时间函数 $f(t)$	复频域函数 $F(s)$	收敛域
11	余弦斜变信号	$t\cos(\omega t)\cdot u(t)$	$\dfrac{s^2-\omega^2}{(s^2+\omega^2)^2}$	$\sigma>0$
12	高阶斜变信号	$\dfrac{t^n}{n!}u(t)$	$\dfrac{1}{s^{n+1}}$	$\sigma>0$
13	斜变衰减信号	$\dfrac{t^n}{n!}\mathrm{e}^{-\alpha t}u(t)$	$\dfrac{1}{(s+\alpha)^{n+1}}$	$\sigma>-\alpha$
14	周期冲激信号	$\displaystyle\sum_{n=0}^{\infty}\delta(t-nT)$	$\dfrac{1}{1-\mathrm{e}^{-sT}}$	$\sigma>0$
15	双曲正弦衰减信号	$\mathrm{e}^{-\alpha t}\sinh(\beta t)\cdot u(t)=\mathrm{e}^{-\alpha t}\cdot\dfrac{\mathrm{e}^{\beta t}-\mathrm{e}^{-\beta t}}{2}\cdot u(t)$	$\dfrac{\beta}{(s+\alpha)^2-\beta^2}$	$\sigma>-\alpha$
16	双曲余弦衰减信号	$\mathrm{e}^{-\alpha t}\cosh(\beta t)\cdot u(t)=\mathrm{e}^{-\alpha t}\cdot\dfrac{\mathrm{e}^{\beta t}+\mathrm{e}^{-\beta t}}{2}\cdot u(t)$	$\dfrac{s+\alpha}{(s+\alpha)^2-\beta^2}$	$\sigma>-\alpha$

小马哥 Tips

必须天天背，只有第 12 行和第 13 行不怎么考。

真题实战 《960题》4-2-24。

5.1.6 有始周期信号的拉普拉斯变换

若单边周期信号$x(t)$的周期为T,其第一周期内的信号为$x_1(t)$,则

$$X(s) = X_1(s) \frac{1}{1 - e^{-sT}}$$

📢:
小马哥 Tips

重点内容,最好会推导,会推导才能立于不败之地,否则易错,死记硬背有风险。扫码看例题。

真题实战 《960题》4-3-1、4-3-5。

5.2 系统函数$H(s)$

5.2.1 系统函数$H(s)$的定义

$$H(s) = \frac{R(s)}{E(s)}$$

零状态响应的拉普拉斯变换与激励的拉普拉斯变换之比。

5.2.2 系统函数$H(s)$的求法

①由冲激响应求拉普拉斯变换,即$H(s) = \mathcal{L}[h(t)]$;

②由零状态s域电路模型出发,根据KVL,KCL,OL求出$H(s)$,

即 $H(s) = \dfrac{R(s)}{E(s)}$;

③由零状态系统的微分方程出发，两端取拉普拉斯变换求出 $H(s)$，即 $H(s) = \dfrac{R(s)}{E(s)}$;

④由系统的框图流图，结合梅森公式求出 $H(s)$，即 $H(s) = \dfrac{R(s)}{E(s)}$。

5.2.3 $H(s)$ 的一般表示形式及其零、极点分布图

(1) $H(s)$ 的一般表示形式

零点的定义：当 $s = z_i$ 时，$H(s) = 0$，故称 z_i 为 $H(s)$ 的零点。

极点的定义：当 $s = p_j$ 时，$H(s) = \infty$，故称 p_j 为 $H(s)$ 的极点。

例如，如图所示，其中 ○ 表示零点，× 表示极点，(2) 表示二阶。

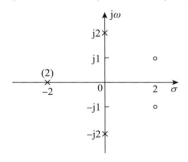

(2) 极点位置与 $h(t)$ 的关系

#	阶次	极点位置	拉普拉斯变换
1	单极点	s 平面的正实轴	$H(s)=K\dfrac{1}{s-a}\leftrightarrow h(t)=Ke^{at}u(t)$
		s 平面的坐标原点	$H(s)=K\dfrac{1}{s}\leftrightarrow h(t)=Ku(t)$
		s 平面右半开面的共轭极点	$H(s)=\dfrac{\omega}{(s-a)^2+\omega^2}\leftrightarrow h(t)=$ $e^{at}\sin(\omega t)u(t)$
		s 平面的虚轴	$H(s)=\dfrac{\omega}{s^2+\omega^2}\leftrightarrow h(t)=\sin(\omega t)u(t)$
		s 平面左半开面的共轭极点	$H(s)=\dfrac{\omega}{(s+a)^2+\omega^2}\leftrightarrow h(t)=$ $e^{-at}\sin(\omega t)u(t)$
2	重极点	坐标原点的二阶和三阶极点	$H(s)=\dfrac{1}{s^2}\leftrightarrow h(t)=tu(t)$
			$H(s)=\dfrac{1}{s^3}\leftrightarrow h(t)=\dfrac{t^2}{2}u(t)$
		实轴上的二阶和三阶极点	$H(s)=\dfrac{1}{(s+a)^2}\leftrightarrow h(t)=te^{-at}u(t)$
			$H(s)=\dfrac{1}{(s+a)^3}\leftrightarrow h(t)=\dfrac{1}{2}t^2e^{-at}u(t)$

续表

#	阶次	极点位置	拉普拉斯变换
2	重极点	虚轴上的二阶共轭极点	$H(s)=\dfrac{2\omega s}{(s^2+\omega^2)^2} \leftrightarrow h(t)=t\sin(\omega t)u(t)$

小马哥 Tips

重点内容。

5.2.4 系统函数 $H(s)$ 的零、极点分布与系统分析

(1) 求解系统的单位冲激响应

$$\mathcal{L}^{-1}[H(s)]=h(t)$$

(2) 求解系统的零状态响应

$$y_{zs}(t)=e(t)*h(t) \text{ 或 } Y_{zs}(s)=E(s)H(s)$$

(3) 根据 $H(s)$ 可以直接写出系统的微分方程

示例：设

$$H(s)=\frac{Y(s)}{E(s)}=\frac{s^2+2s+5}{s^2+6s+12}$$

则系统的微分方程为

$$\frac{d^2}{dt^2}[y(t)]+6\frac{d}{dt}[y(t)]+12y(t)=\frac{d^2}{dt^2}[e(t)]+2\frac{d}{dt}[e(t)]+5e(t)$$

(4) $H(s)$ 的零、极点分布决定系统的频响特性

频响特性：系统在正弦信号激励下稳态响应随信号频率的变化情况。

对于稳定系统,其频响特性为 $H(j\omega)$。

$$H(j\omega) = H(s)\big|_{s=j\omega}$$

$$H(j\omega) = |H(j\omega)|e^{j\varphi(\omega)}$$

$$|H(j\omega)| \sim \omega \text{(幅频特性)}$$

$$\varphi(\omega) \sim \omega \text{(相频特性)}$$

由幅频特性可知,系统是低通、高通、带通或是带阻系统。如果是带通系统,还可以从幅频特性看出它的中心频率,上、下截止频率,通频带宽度。

(5) $H(s)$ 的零、极点分布判断系统的稳定性

定义:一个系统(连续的或离散的),如果对任意的有界输入,其零状态响应也是有界的,即若 $|f(\cdot)| \leqslant M_f$(正实常数),有 $|y_{zs}(\cdot)| \leqslant M_f$(正实常数),则称该系统是有界输入有界输出的稳定系统。

连续系统是稳定系统的充分必要条件为

$$\int_{-\infty}^{\infty} |h(t)| \, \mathrm{d}t \leqslant M \ (M \text{为正常数})$$

根据 $H(s)$ 在 s 平面中极点分布的位置,把因果系统划分为三种情况。

①稳定系统:如果 $H(s)$ 的全部极点都在 s 左半开平面,则系统是稳定的,且满足 $\lim\limits_{t \to \infty}[h(t)] = 0$。

②临界稳定系统:虚轴上极点是单阶的。

③不稳定系统:如果 $H(s)$ 中的极点落在 s 右半开平面或在虚轴上,则具有二阶以上极点。

(6) $H(s)$的零、极点分布判断系统的因果性

因果性：系统的零状态响应不会出现在激励作用之前的系统。

对于$t=0$（或$n=0$）接入的任意激励$f(\cdot)$，即对于任意的$f(\cdot)=0$，t（或n）<0，如果系统的零状态响应都有$y_{zs}(\cdot)=0$，t（或n）<0，就称该系统为因果系统，否则称为非因果系统。

连续因果系统的充分必要条件为

$$h(t)=h(t)u(t)$$

由$H(s)$判定系统的因果性：若$H(s)$收敛域为收敛坐标σ_0以右的s平面，则该系统为因果系统。

(7) 求系统的正弦稳态响应$r_{ss}(t)$

设系统的激励

$$e(t)=E_m\cos(\omega_0 t+\varphi)u(t)$$

则系统的正弦稳态响应为

$$r_{ss}(t)=|H(j\omega_0)|E_m\cos[\omega_0 t+\varphi+\varphi(\omega_0)]$$

其中$H(j\omega_0)=H(s)\big|_{s=j\omega_0}=|H(j\omega_0)|e^{j\varphi(\omega_0)}$。

5.3 部分分式展开法结合高数法、留数定理

5.3.1 部分分式展开法

单根按照单根走，重根是几重根则展几项。

(1) 部分分式展开法注意事项

①必须为真分式。

分子的最高次数低于分母的最高次数,这个分式叫作真分式。

②多重极点特殊处理。

(2) 部分分式展开法的万能步骤

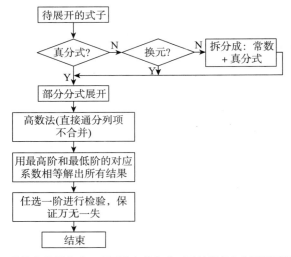

注:①若出现假分式,不用拆出真分式,可以考虑左右两侧同时除以 s 或者 z^{-1} 或者 z,等算出展开结果再乘回来;

②关于最后的结果验证,无须选择一阶验证,可以直接代入展开前后的一个好算的值,验证左右两侧是否相同,一般可以代入 0,± 1(此值不能为极点)。若出现共轭复数根,则可用原式减去已求出结果的项,就会得到共轭复数根的展开因式。

小马哥 Tips

必须掌握,可以扫码观看视频课进行学习。

真题实战 《960 题》7-2-28。

5.3.2 留数定理

若拉普拉斯变换表达式 $F(s)$ 有 n 个极点,则其逆变换为

$$f(t)=\sum_{i=1}^{n}r_i$$

若 p_i 为一阶极点,则

$$r_i=\left[(s-p_i)F(s)\mathrm{e}^{st}\right]\Big|_{s=p_i}$$

若 p_i 为 k 阶极点,则

$$r_i=\frac{1}{(k-1)!}\left\{\frac{\mathrm{d}^{k-1}}{\mathrm{d}s^{k-1}}\left[(s-p_i)^kF(s)\mathrm{e}^{st}\right]\right\}\Bigg|_{s=p_i}$$

小马哥 Tips

确实有学校(2023 年湖南师范大学 997)考过留数定理。只能背,没有捷径。

5.3.3 特征输入（特征函数）与正弦稳态法

#		输入	输出
1	连续时间傅里叶变换	$Ae^{j(\omega_0 t+\varphi)}$	$A\|H(j\omega_0)\|e^{j(\omega_0 t+\varphi)}e^{j\varphi(\omega_0)}$
		$A\cos(\omega_0 t+\varphi)$	$A\|H(j\omega_0)\|\cos[\omega_0 t+\varphi+\varphi(\omega_0)]$
2	离散时间傅里叶变换	$Ae^{j(\omega_0 n+\varphi)}$	$A\|H(e^{j\omega_0})\|e^{j(\omega_0 n+\varphi)}e^{j\varphi(\omega_0)}$
		$A\cos(\omega_0 n+\varphi)$	$A\|H(e^{j\omega_0})\|\cos[\omega_0 n+\varphi+\varphi(\omega_0)]$
3	周期信号	$\sum_{n=-\infty}^{\infty} F_n e^{jn\omega_1 t}$	$\sum_{n=-\infty}^{\infty} F_n e^{jn\omega_1 t}\|H(jn\omega_1)\|e^{j\varphi(n\omega_1)}$
4	拉普拉斯变换	$Ae^{s_0 t}$ (s_0 在系统收敛域内)	$Ae^{s_0 t}H(s_0)$
5	z 变换	z_0^n (z_0 在系统收敛域内)	$z_0^n H(z_0)$
6	连续域正弦稳态	$A\cos(\omega_0 t+\varphi)u(t)$	$A\|H(j\omega_0)\|\cos[\omega_0 t+\varphi+\varphi(\omega_0)]u(t)$
7	离散域正弦稳态	$A\cos(\omega_0 n+\varphi)u(n)$	$A\|H(e^{j\omega_0})\|\cos[\omega_0 n+\varphi+\varphi(\omega_0)]u(n)$

小马哥 Tips

必须会,不会的同学查找公众号通信考研小马哥,后台输入"特征输入",或者直接扫码按照顺序观看进行学习。

真题实战 《960 题》8-1-8、8-1-9。

5.4 梅森公式与信号流图

梅森公式表明信号流图中输出和输入节点之间的传输函数:

$$H = \frac{\sum_i g_i \Delta_i}{\Delta}$$

$$\Delta = 1 - \sum_a L_a + \sum_{bc} L_b L_c + \cdots$$

① g_i 为第 i 条通路对应的增益。

② Δ_i 为第 i 条前向通路特征行列式的余因子,它是与第 i 条前向通路不相接触的子图的特征行列式。

③ $\sum_a L_a$ 为所有不同环路的增益之和。

④ $\sum_{bc} L_b L_c$ 为两两互不接触的环路增益乘积之和。

小马哥 Tips

必须掌握,不论考纲是否要求,必须会。

真题实战 《960 题》4-6-11。

5.5 罗斯准则（罗斯阵列）

5.5.1 判断前提条件

①全部系数 $b_i > 0$，且无缺项，则下一步；若不符合，则有正实根。

②若缺项，且缺全部偶次幂项或者奇次幂项，则继续列罗斯阵列判断；若不符合，则有正实根。

5.5.2 罗斯阵列判断

若罗斯阵列第一列数字符号相同（全部 >0），则无正实根。

变号的次数就是具有正实根（右半开平面）的个数。

罗斯阵列的列法为

首列：s^n，s^{n-1}，…，s^0；

第一行：b_n，b_{n-2}，b_{n-4}，…；

第二行：b_{n-1}，b_{n-3}，b_{n-5}，…。

其他行根据下列规则列写

第一行：b_n，b_{n-2}，b_{n-4}，…；

第二行：b_{n-1}，b_{n-3}，b_{n-5}，…；

第三行：c_{n-1}，c_{n-3}，c_{n-5}，…；

第四行：d_{n-1}，d_{n-3}，d_{n-5}，…；

第五行：e_{n-1}，e_{n-3}，e_{n-5}，…。

其中
$$c_{n-1} = -\frac{1}{b_{n-1}} \begin{vmatrix} b_n & b_{n-2} \\ b_{n-1} & b_{n-3} \end{vmatrix}$$

$$c_{n-3} = -\frac{1}{b_{n-1}}\begin{vmatrix} b_n & b_{n-4} \\ b_{n-1} & b_{n-5} \end{vmatrix}$$

$$d_{n-1} = -\frac{1}{c_{n-1}}\begin{vmatrix} b_{n-1} & b_{n-3} \\ c_{n-1} & c_{n-3} \end{vmatrix}$$

$$d_{n-3} = -\frac{1}{c_{n-1}}\begin{vmatrix} b_{n-1} & b_{n-5} \\ c_{n-1} & c_{n-5} \end{vmatrix}$$

两种特殊情况:

①若第一列出现 0,则用无穷小 ε 代替继续做。

②若连续两行相等或者成比例,则下一行会出现全零行,此时需要用前一行组成辅助多项式,用求导之后的新系数代替全 0 行,继续列罗斯阵列。计算辅助多项式的根,若在虚轴上有单极点,则为临界稳定;若为多重极点,则不稳定。

📢:

小马哥 Tips

掌握,一般考查 2 阶和 3 阶,所以掌握简化的也可以。

针对 2 阶和 3 阶的解题小技巧:

对 2 阶罗斯阵列 $b_2 s^2 + b_1 s + b_0$,只需要 b_2,b_1,b_0 分别大于 0。

对 3 阶罗斯阵列 $b_3 s^3 + b_2 s^2 + b_1 s + b_0$,只需要 b_3,b_2,b_1,b_0 分别大于 0,$b_1 b_2 > b_3 b_0$。

真题实战 《960 题》4-5-4。

5.6 傅里叶变换与拉普拉斯变换的关系

5.6.1 $F(s)$ 和 $F(j\omega)$ 的关系

①收敛域包括虚轴，则 $F(j\omega) = F(s)\big|_{s=j\omega}$；

②收敛域不包括虚轴，则 $F(j\omega)$ 不存在；

③临界条件，虚轴存在极点，则

$$F(j\omega) = F(s)\big|_{s=j\omega} + \pi\sum_{n=1}^{N} k_n \delta(\omega - \omega_n)$$

$$F(s) = F_a(s) + \frac{K_{11}}{(s-j\omega_1)^r} + \frac{K_{12}}{(s-j\omega_1)^{r-1}} + \cdots + \frac{K_{1r}}{s-j\omega_1}$$

式中 $F_a(s)$ 的所有极点在 s 左半开平面，$f(t)$ 的傅里叶变换为

$$F(j\omega) = F(s)\big|_{s=j\omega} + \frac{\pi K_{11} j^{r-1}}{(r-1)!} \delta^{r-1}(\omega - \omega_1) +$$

$$\frac{\pi K_{12} j^{r-2}}{(r-2)!} \delta^{r-2}(\omega - \omega_1) + \cdots +$$

$$\pi K_{1r} \delta(\omega - \omega_1)$$

📣:

小马哥 Tips

掌握，一般考查前两种情况。

真题实战　《960 题》11-3-10。

5.6.2 单边拉普拉斯变换、双边拉普拉斯变换、傅里叶变换的关系图

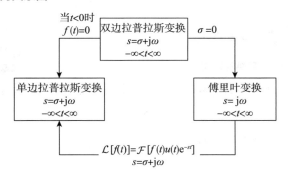

第六章 z 变换

6.1 z 变换的概念

6.1.1 z 变换的定义

对于一切 n 取整数都有意义的双边序列 $x(n)$，其双边 z 变换为

$$X_B(z) = \sum_{n=-\infty}^{\infty} x(n) z^{-n}$$

逆变换（不考，涉及围线积分）为

$$x(n) = \frac{1}{2\pi \mathrm{j}} \oint_C X(z) z^{n-1} \mathrm{d}z$$

如果 $x(n)$ 为因果序列，则其单边 z 变换为

$$X(z) = \sum_{n=0}^{\infty} x(n) z^{-n}$$

6.1.2 z 变换的性质

#	性质	时间函数 $x(n)$	单边 z 变换 $X(z)$	双边 z 变换 $X_B(z)$
1	线性	$ax_1(n) + bx_2(n)$	$aX_1(z) + bX_2(z)$	$aX_{B1}(z) + bX_{B2}(z)$
2	时移	$x(n-m)u(n-m)$ $m > 0$	$z^{-m} X(z)$	$z^{-m} X_B(z)$

续表

#	性质	时间函数 $x(n)$	单边 z 变换 $X(z)$	双边 z 变换 $X_B(z)$
2	时移	$x(n-m)u(n)$ $m>0$	$z^{-m}\left[X(z)+\sum_{k=-m}^{-1}x(k)z^{-k}\right]$	$z^{-m}X_B(z)$
		$x(n+m)u(n)$ $m>0$	$z^{m}\left[X(z)-\sum_{k=0}^{m-1}x(k)z^{-k}\right]$	$z^{m}X_B(z)$
3	z 域微分	$nx(n)$	$-z\dfrac{\mathrm{d}[X(z)]}{\mathrm{d}z}$	$-z\dfrac{\mathrm{d}[X_B(z)]}{\mathrm{d}z}$
		$n^m x(n)$ $m>0$	$\left(-z\dfrac{\mathrm{d}}{\mathrm{d}z}\right)^m X(z)$	$\left(-z\dfrac{\mathrm{d}}{\mathrm{d}z}\right)^m X_B(z)$
4	z 域尺度变换	$a^n x(n)$ (a 为非零常数)	$X\left(\dfrac{z}{a}\right)$ 或者把所有的 z^{-1} 变成 az^{-1}	$X_B\left(\dfrac{z}{a}\right)$ 或者把所有的 z^{-1} 变成 az^{-1}
5	时域卷积定理	$x_1(n)*x_2(n)$	$X_1(z)\cdot X_2(z)$	$X_{B1}(z)\cdot X_{B2}(z)$

续表

#	性质	时间函数 $x(n)$	单边 z 变换 $X(z)$	双边 z 变换 $X_B(z)$
6	z域卷积定理	$x(n) \cdot h(n)$	$\dfrac{1}{2\pi j} \oint_C X(v) \cdot H\left(\dfrac{z}{v}\right) v^{-1} dv$	$\dfrac{1}{2\pi j} \oint_C X_B(v) \cdot H_B\left(\dfrac{z}{v}\right) v^{-1} dv$
7	初值定理	$x(n)$ (因果序列)	$x(0) = \lim\limits_{z \to \infty} X(z)$	$x(0) = \lim\limits_{z \to \infty} X_B(z)$
8	终值定理	$x(n)$ (因果序列，且$x(\infty)$为有界值)	$x(\infty) = \lim\limits_{z \to 1}(z-1)X(z)$	$x(\infty) = \lim\limits_{z \to 1}(z-1)X_B(z)$
9	反褶	$x(-n)u(-n)$	—	$X_B\left(\dfrac{1}{z}\right)$

小马哥 Tips

类比连续，背双边的，对 $x(n)$ 进行单边 z 变换就是对 $x(n)u(n)$ 进行双边 z 变换。

注：因果信号的双边 z 变换等于单边 z 变换。视频中讲的为负次幂，按照自己喜好记忆。

6.1.3 典型序列的 z 变换及收敛域

#	$f(n)$	单边z变换 象函数$F(z)$	收敛域	双边z变换 象函数$F_B(z)$	收敛域
1	单位冲激信号 $\delta(n)$	1	全平面	1	全平面
2	单位阶跃信号 $u(n)$	$\dfrac{z}{z-1}$	$|z|>1$	$\dfrac{z}{z-1}$	$|z|>1$
3	$u(n-1)$	$\dfrac{1}{z-1}$	$|z|>1$	$\dfrac{1}{z-1}$	$|z|>1$
4	实指数单边序列 $a^n u(n)$	$\dfrac{z}{z-a}$	$|z|>|a|$	$\dfrac{z}{z-a}$	$|z|>|a|$
5	$a^{n-1}u(n-1)$	$\dfrac{1}{z-a}$	$|z|>|a|$	$\dfrac{1}{z-a}$	$|z|>|a|$
6	斜变序列 $nu(n)$	$\dfrac{z}{(z-1)^2}$	$|z|>1$	$\dfrac{z}{(z-1)^2}$	$|z|>1$
7	$n^2 u(n)$	$\dfrac{z(z+1)}{(z-1)^3}$	$|z|>1$	$\dfrac{z(z+1)}{(z-1)^3}$	$|z|>1$
8	$\dfrac{n(n-1)}{2}u(n)$	$\dfrac{z}{(z-1)^3}$	$|z|>1$	$\dfrac{z}{(z-1)^3}$	$|z|>1$
9	$\dfrac{(n+1)n}{2}u(n)$	$\dfrac{z^2}{(z-1)^3}$	$|z|>1$	$\dfrac{z^2}{(z-1)^3}$	$|z|>1$

续表

#	$f(n)$	单边z变换		双边z变换	
		象函数$F(z)$	收敛域	象函数$F_B(z)$	收敛域
10	$na^{n-1}u(n)$	$\dfrac{z}{(z-a)^2}$	$|z|>|a|$	$\dfrac{z}{(z-a)^2}$	$|z|>|a|$
11	$\dfrac{n(n-1)\cdots(n-m+1)}{m!} \cdot a^{n-m}u(n),\ m\geqslant 1$	$\dfrac{z}{(z-a)^{m+1}}$	$|z|>|a|$	$\dfrac{z}{(z-a)^{m+1}}$	$|z|>|a|$
12	$\delta(n-m),\ m>0$	z^{-m}	$|z|>0$	z^{-m}	$|z|>0$
13	$-u(-n-1)$	—	—	$\dfrac{z}{z-1}$	$|z|<1$
14	实指数左边序列 $-a^n u(-n-1)$	—	—	$\dfrac{z}{z-a}$	$|z|<|a|$
15	$-nu(-n-1)$	—	—	$\dfrac{z}{(z-1)^2}$	$|z|<1$
16	$-na^{n-1}u(-n-1)$	—	—	$\dfrac{z}{(z-a)^2}$	$|z|<|a|$
17	$\dfrac{-n(n-1)\cdots(n-m+1)}{m!} \cdot a^{n-m}u(-n-1),\ m\geqslant 1$	—	—	$\dfrac{z}{(z-a)^{m+1}}$	$|z|<|a|$
18	$\delta(n+m),\ m>0$	—	—	z^m	$|z|<\infty$

续表

#	$f(n)$	单边z变换		双边z变换	
		象函数$F(z)$	收敛域	象函数$F_B(z)$	收敛域
19	$a^n u(n)-$ $b^n u(-n-1),$ $\|b\|>\|a\|$	$\dfrac{z}{z-a}$	$\|z\|>$ $\|a\|$	$\dfrac{2z^2-(a+b)z}{(z-a)(z-b)}$	$\|a\|<$ $\|z\|<$ $\|b\|$
20	单边余弦序列 $\cos(\omega_0 n)u(n)$	$\dfrac{z(z-\cos\omega_0)}{z^2-2z\cos\omega_0+1}$	$\|z\|>1$	$\dfrac{z(z-\cos\omega_0)}{z^2-2z\cos\omega_0+1}$	$\|z\|>1$
21	单边正弦序列 $\sin(\omega_0 n)u(n)$	$\dfrac{z\sin\omega_0}{z^2-2z\cos\omega_0+1}$	$\|z\|>1$	$\dfrac{z\sin\omega_0}{z^2-2z\cos\omega_0+1}$	$\|z\|>1$
22	$\cos\left(\dfrac{\pi}{2}n\right)u(n)$	$\dfrac{z^2}{z^2+1}$	$\|z\|>1$	$\dfrac{z^2}{z^2+1}$	$\|z\|>1$
23	$\sin\left(\dfrac{\pi}{2}n\right)u(n)$	$\dfrac{z}{z^2+1}$	$\|z\|>1$	$\dfrac{z}{z^2+1}$	$\|z\|>1$
24	正弦衰减序列 $r^n\sin(\omega_0 n)u(n)$	$\dfrac{rz\sin\omega_0}{z^2-2rz\cos\omega_0+r^2}$	$\|z\|>$ $\|r\|$	$\dfrac{rz\sin\omega_0}{z^2-2rz\cos\omega_0+r^2}$	$\|z\|>$ $\|r\|$
25	余弦衰减序列 $r^n\cos(\omega_0 n)u(n)$	$\dfrac{z(z-r\cos\omega_0)}{z^2-2rz\cos\omega_0+r^2}$	$\|z\|>$ $\|r\|$	$\dfrac{z(z-r\cos\omega_0)}{z^2-2rz\cos\omega_0+r^2}$	$\|z\|>$ $\|r\|$
26	周期冲激序列 $\sum\limits_{m=0}^{\infty}\delta(t-mN)$	$\dfrac{1}{1-z^{-N}}$	$\|z\|>1$	$\dfrac{1}{1-z^{-N}}$	$\|z\|>1$

小马哥 Tips

多看多背,熟练掌握。视频中讲的为负次幂,按照自己喜好记忆即可。

真题实战 《960 题》7-2-3。

6.1.4 其他重要公式

$$\frac{z}{(z-a)^2} \leftrightarrow na^{n-1}u(n), \quad |z|>|a|$$

$$\frac{z}{(z-a)^3} \leftrightarrow \frac{1}{2}n(n-1)a^{n-2}u(n), \quad |z|>|a|$$

$$\frac{z}{(z-a)^2} \leftrightarrow -na^{n-1}u(-n-1), \quad |z|<|a|$$

$$\frac{z}{(z-a)^3} \leftrightarrow -\frac{1}{2}n(n-1)a^{n-2}u(-n-1), \quad |z|<|a|$$

6.2 离散时间系统的 z 域分析

$$H(z)=\frac{B(z)}{A(z)}=\frac{b_m z^m+b_{m-1}z^{m-1}+\cdots+b_1 z+b_0}{z^n+a_{n-1}z^{n-1}+\cdots+a_1 z+a_0}=\frac{b_m\prod\limits_{j=1}^{m}(z-z_j)}{\prod\limits_{i=1}^{n}(z-p_i)}$$

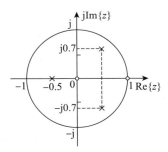

极点与 $h(n)$ 的关系：

#	极点位置	$h(n)$ 特点
1	单位圆上	等幅
2	$\theta=0$ 时，$z=1$	$u(n) \leftrightarrow \dfrac{z}{z-1}$
3	单位圆内	减幅
4	单位圆外	增幅

6.2.1 判断系统的稳定性

①定义：$|f(\cdot)| \leqslant M_f$（正实常数），则 $|y_{zs}(\cdot)| \leqslant M_f$（正实常数）。

②单位冲激/序列响应法。

$$\sum_{k=-\infty}^{\infty} |h(k)| \leqslant M \text{（正实常数）}$$

③对于稳定系统，其系统函数的极点必在单位圆内部。

6.2.2 判断系统的因果性

①定义：对于 $t=0$（或 $n=0$）接入的任意激励 $f(\cdot)$，即对于任意的 $f(\cdot)=0$，t（或 n）<0。

②系统的零状态响应都有 $y_{zs}(\cdot)=0$，t（或 n）<0。

③单位冲激/序列响应法。

$$h(n)=0, \quad n<0$$

④系统函数极点法：$H(z)$ 的极点均在收敛域 $|z|=\rho_0$ 内部。

收敛域：$|z|>\rho_0$，即其收敛域为半径等于 ρ_0 的圆外区域。

6.2.3 分析系统的频率响应特性

$$H(e^{j\omega})=H(z)\big|_{z=e^{j\omega}}=|H(e^{j\omega})|\cdot e^{j\varphi(\omega)}$$

$$|H(e^{j\omega})|\sim\omega\text{（幅频特性）}$$

$$\varphi(\omega)\sim\omega\text{（相频特性）}$$

求解频率响应的几何方法。

$$H(e^{j\omega})=\frac{\prod_{r=1}^{M}(e^{j\omega}-z_r)}{\prod_{k=1}^{N}(e^{j\omega}-p_k)}=|H(e^{j\omega})|e^{j\varphi(\omega)}$$

$$e^{j\omega}-z_r=U_r e^{j\varphi_r}, \quad e^{j\omega}-p_k=V_k e^{j\theta_k}$$

$$|H(e^{j\omega})|=\frac{\prod_{r=1}^{M}U_r}{\prod_{k=1}^{N}V_k}, \quad \varphi(\omega)=\sum_{r=1}^{M}\varphi_r-\sum_{k=1}^{N}\theta_k$$

6.2.4 利用频率响应特性可求出正弦稳态响应

若激励 $x(n) = A\cos(\omega n + \theta)$，则系统的稳态响应为

$$y_{ss}(n) = A|H(e^{j\omega})|\cos[\omega n + \theta + \varphi(\omega)]$$

小马哥 Tips

结合后面的特征输入一起学习，熟练掌握。

6.2.5 朱里准则

示例：

$$A(z) = a_n z^n + a_{n-1} z^{n-1} + \cdots + a_0$$

需要判断 $A(z)$ 的根都在单位圆内，即 $|z|<1$。

(1) 朱里准则前提条件

① $A(1) > 0$，若不满足，则不稳定；

② $(-1)^n A(-1) > 0$，n 表示分母的阶数，若不满足，则不稳定。

(2) 列朱里表

满足①和②，列朱里表：

$$A(z) = a_n z^n + a_{n-1} z^{n-1} + \cdots + a_0$$

1	a_n	a_{n-1}	a_{n-2}	…	a_1	a_0
2	a_0	a_1	a_2	…	a_{n-1}	a_n
3	c_{n-1}	c_{n-2}	…	c_1	c_0	
4	c_0	c_1	…	c_{n-2}	c_{n-1}	

5	d_{n-2}	d_{n-3}	$\cdots$	d_0
6	d_0	d_1	$\cdots$	d_{n-2}
$\vdots$	$\vdots$	$\vdots$	$\vdots$	
$2n-3$	r_2	r_1	r_0	

第一行正序；

第二行照抄第一行的倒序；

第三行计算；

第四行照抄第三行的倒序；

第五行计算；

……

上述式子一共列 $2n-3$ 行（n 表示分母阶数），该行共三个元素。

奇数行的计算方式（包围收紧算法）：

$$c_{n-1}=\begin{vmatrix} a_n & a_0 \\ a_0 & a_n \end{vmatrix}, \quad c_{n-2}=\begin{vmatrix} a_n & a_1 \\ a_0 & a_{n-1} \end{vmatrix}, \ldots$$

$$d_{n-2}=\begin{vmatrix} c_{n-1} & c_0 \\ c_0 & c_{n-1} \end{vmatrix}, \quad d_{n-3}=\begin{vmatrix} c_{n-1} & c_1 \\ c_0 & c_{n-2} \end{vmatrix}, \ldots$$

(3) 朱里表判稳

若奇数行的第一个数大于最后一个数的绝对值，则系统稳定，即 $a_n > |a_0|$，$c_{n-1} > |c_0|$。

综上，设

$$A(z) = a_n z^n + a_{n-1} z^{n-1} + \cdots + a_1 z + a_0$$

朱里准则：$A(z)$的所有根都在单位圆内的充分必要条件为

$$\begin{cases} A(1)>0 \\ (-1)^n A(-1)>0 \\ a_n > |a_0| \\ c_{n-1} > |c_0| \\ d_{n-2} > |d_0| \\ \cdots\cdots \\ r_2 > |r_0| \end{cases}$$

小马哥 Tips

掌握，考研大概率考二阶，所以二阶必背。

真题实战《960题》7-4-2。

简化的二阶朱里准则：对于二阶系统，分母多项式为$A(z)=a_2z^2+a_1z+a_0$，若系统稳定，则需要满足：

$$A(1)>0, \quad A(-1)>0, \quad a_2 > |a_0|$$

6.3 长除法

长除法一般用在无法使用部分分式展开求$X(z)$逆变换的情况（极少），此方法很简单，需要掌握。

排列方式按照右边序列和左边序列的规则排序即可。

①若$x(n)$为右边序列，$X(z)$的分子、分母按z^{-1}的升幂（或z的降幂）排列；

②若 $x(n)$ 为左边序列，$X(z)$ 的分子、分母按 z 的升幂（或 z^{-1} 的降幂）排列。

示例：右边序列

$$X(z) = \frac{1}{1-az^{-1}}, \quad |z|>|a|$$

$$\require{enclose}\begin{array}{r} 1+az^{-1}+a^2z^{-2}+\cdots \\ z-a \enclose{longdiv}{z} \\ \underline{z-a} \\ a \\ \underline{a-a^2z^{-1}} \\ a^2z^{-1} \\ \vdots \end{array}$$

左边序列

$$X(z) = \frac{z}{-a+z}, \quad |z|<|a|$$

$$\begin{array}{r} -a^{-1}z - a^{-2}z^2 - \cdots \\ -a+z \enclose{longdiv}{z\phantom{-a^{-1}z^2}} \\ \underline{z-a^{-1}z^2} \\ a^{-1}z^2 \end{array}$$

小马哥 Tips

需要掌握，考研虽然考查频率低，但是有时也会使用到。

真题实战 《960 题》9-1-2。

6.4 z 域与 s 域的关系

6.4.1 z 变换与拉普拉斯变换的关系

$$F(s) = F(z)\big|_{z=e^{sT}}$$

$$F(z) = F(s)\big|_{s=\frac{1}{T}\ln z}$$

6.4.2 $z \sim s$ 平面的映射关系

① s 平面的原点 $\begin{cases} \sigma = 0 \\ \theta = 0 \end{cases}$,映射 z 平面 $\begin{cases} r = 1 \\ \omega = 0 \end{cases}$,即 $z = 1$ 的点。

② σ 取值不同时,$z \sim s$ 平面的映射关系如表所示。

#	平面	映射关系			
1	s 平面	$\sigma < 0$	$\sigma = 0$	$\sigma > 0$	σ 为常数:$-\infty \to \infty$
		左半平面	虚轴	右半平面	从左向右移
2	z 平面	$r < 1$	$r = 1$	$r > 1$	r 为常数:$0 \to \infty$
		单位圆内	单位圆上	单位圆外	半径扩大

③ s 平面 $\theta = 0$,实轴 $\to z$ 平面 $\omega = 0$,正实轴。

小马哥 Tips

需要掌握,一般会出成选择、判断、填空题型。

6.4.3 傅里叶变换、拉普拉斯变换、z 变换的关系图

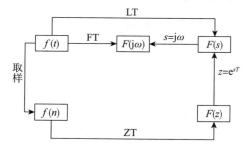

第七章 系统的状态变量分析

7.1 连续时间系统

7.1.1 由状态方程求出特征矩阵

连续系统转移函数:

$$H(s) = C(sI-A)^{-1}B + D$$

特征矩阵:

$$\boldsymbol{\Phi}(s) = (sI-A)^{-1} = \frac{\mathrm{adj}(sI-A)}{|sI-A|}$$

📢:

小马哥 Tips

必考。adj 代表伴随矩阵,| | 代表行列式的值,I 为单位矩阵。

$|sI-A|=0$,求出的就是系统函数的极点,可以用来判断系统稳定性。

真题实战 《960 题》9-1-10。

7.1.2 状态转移矩阵 e^{At}

$$\boldsymbol{\varphi}(t) = \mathrm{e}^{At} = I + At + \frac{1}{2!}A^2t^2 + \cdots + \frac{1}{k!}A^kt^k + \cdots = \sum_{k=0}^{\infty}\frac{1}{k!}A^kt^k$$

其拉氏变换为

$$\mathcal{L}[\mathrm{e}^{At}] = (sI-A)^{-1}$$

7.1.3 $\varphi(t)=e^{At}$ 的性质

$$\varphi(t_1+t_2)=\varphi(t_1)\varphi(t_2)$$

$$\varphi(0)=I$$

$$[\varphi(t)]^n=\varphi(nt)$$

$$[\varphi(t_2-t_1)][\varphi(t_1-t_0)]=\varphi(t_2-t_0)=[\varphi(t_1-t_0)][\varphi(t_2-t_1)]$$

$$\frac{d}{dt}(e^{At})=Ae^{At}=e^{At}A$$

小马哥 Tips

需注意真题中会考查求 A。

真题实战 《960 题》9-2-5。

7.1.4 连续系统状态方程的拉氏变换解

$$\Lambda(s)=(sI-A)^{-1}\lambda(0_-)+(sI-A)^{-1}BE(s)$$

$$R(s)=C(sI-A)^{-1}\lambda(0_-)+[C(sI-A)^{-1}B+D]E(s)$$

$$\lambda(t)=\mathcal{L}^{-1}[(sI-A)^{-1}]\lambda(0_-)+\mathcal{L}^{-1}[(sI-A)^{-1}B]*e(t)$$

$$r(t)=C\mathcal{L}^{-1}[(sI-A)^{-1}]\lambda(0_-)+\{C\mathcal{L}^{-1}[(sI-A)^{-1}B]+D\delta(t)\}*e(t)$$

零输入解

$$r_{zi}(t)=C\mathcal{L}^{-1}[(sI-A)^{-1}]\lambda(0_-)$$

零状态解

$$r_{zs}(t)=\{C\mathcal{L}^{-1}[(sI-A)^{-1}B]+D\delta(t)\}*e(t)$$

小马哥 Tips

必考。

真题实战 《960 题》9-2-1。

7.2 离散时间系统

7.2.1 由状态方程求出特征矩阵

离散系统转移函数:

$$H(z) = C(zI - A)^{-1}B + D$$

特征矩阵:

$$(zI - A)^{-1} = \frac{\text{adj}(zI - A)}{|zI - A|}$$

小马哥 Tips

必考。adj 代表伴随矩阵,||代表行列式的值,I 为单位矩阵。
$|zI - A| = 0$,求出的就是系统函数的极点,可以用来判断系统稳定性。

真题实战 《960 题》9-2-2。

7.2.2 离散系统状态转移矩阵 A^n

$$\boldsymbol{\varphi}(n) = A^n = c_0 I + c_1 A + c_2 A^2 + \cdots + c_{k-1} A^{k-1}, \quad n \geq k$$

其 z 变换为

$$\mathcal{Z}[\boldsymbol{\varphi}(n)] = (z\boldsymbol{I}-\boldsymbol{A})^{-1}z = (\boldsymbol{I}-z^{-1}\boldsymbol{A})^{-1}$$

7.2.3 离散系统状态方程的z变换解

$$\begin{cases} \boldsymbol{\Lambda}(z) = (z\boldsymbol{I}-\boldsymbol{A})^{-1}z\boldsymbol{\lambda}(0) + (z\boldsymbol{I}-\boldsymbol{A})^{-1}\boldsymbol{B}\boldsymbol{X}(z) \\ \boldsymbol{Y}(z) = \boldsymbol{C}(z\boldsymbol{I}-\boldsymbol{A})^{-1}z\boldsymbol{\lambda}(0) + \boldsymbol{C}(z\boldsymbol{I}-\boldsymbol{A})^{-1}\boldsymbol{B}\boldsymbol{X}(z) + \boldsymbol{D}\boldsymbol{X}(z) \end{cases}$$

$$\begin{cases} \boldsymbol{\lambda}(n) = \mathcal{Z}^{-1}[(z\boldsymbol{I}-\boldsymbol{A})^{-1}z]\boldsymbol{\lambda}(0) + \mathcal{Z}^{-1}[(z\boldsymbol{I}-\boldsymbol{A})^{-1}\boldsymbol{B}] * \boldsymbol{x}(n) \\ \boldsymbol{y}(n) = \mathcal{Z}^{-1}[\boldsymbol{C}(z\boldsymbol{I}-\boldsymbol{A})^{-1}z]\boldsymbol{\lambda}(0) + \mathcal{Z}^{-1}[\boldsymbol{C}(z\boldsymbol{I}-\boldsymbol{A})^{-1}\boldsymbol{B}+\boldsymbol{D}] * \boldsymbol{x}(n) \end{cases}$$

零输入解：

$$\boldsymbol{y}_{zi}(n) = \mathcal{Z}^{-1}[\boldsymbol{C}(z\boldsymbol{I}-\boldsymbol{A})^{-1}z]\boldsymbol{\lambda}(0)$$

零状态解：

$$\boldsymbol{y}_{zs}(n) = \mathcal{Z}^{-1}[\boldsymbol{C}(z\boldsymbol{I}-\boldsymbol{A})^{-1}\boldsymbol{B}+\boldsymbol{D}] * \boldsymbol{x}(n)$$

📢:
小马哥 Tips

必考。

7.3 离散与连续系统状态方程与输出方程

#		连续	离散
1	状态方程	$\left[\dfrac{\mathrm{d}}{\mathrm{d}t}\boldsymbol{\lambda}(t)\right]_{k\times 1} =$ $\boldsymbol{A}_{k\times k}\boldsymbol{\lambda}_{k\times 1}(t) + \boldsymbol{B}_{k\times m}\boldsymbol{e}_{m\times 1}(t)$	$\boldsymbol{\lambda}_{k\times 1}(n+1) =$ $\boldsymbol{A}_{k\times k}\boldsymbol{\lambda}_{k\times 1}(n) + \boldsymbol{B}_{k\times m}\boldsymbol{x}_{m\times 1}(n)$
2	输出方程	$[\boldsymbol{r}(t)]_{r\times 1} =$ $\boldsymbol{C}_{r\times k}\boldsymbol{\lambda}_{k\times 1}(t) + \boldsymbol{D}_{r\times m}\boldsymbol{e}_{m\times 1}(t)$	$\boldsymbol{y}_{r\times 1}(n) =$ $\boldsymbol{C}_{r\times k}\boldsymbol{\lambda}_{k\times 1}(n) + \boldsymbol{D}_{r\times m}\boldsymbol{x}_{m\times 1}(n)$

7.4 离散与连续系统状态方程时域解

#		连续	离散
1	表达式	$\lambda(t) = e^{At}\lambda(0_-) + e^{At}B * e(t)$ $r(t) = Ce^{At}\lambda(0_-) + [Ce^{At}B + D\delta(t)] * e(t)$	$\lambda(n) = A^n\lambda(0) + \sum_{i=0}^{n-1} A^{n-1-i}Bx(i)$ $y(n) = CA^n\lambda(0) + \sum_{i=0}^{n-1} CA^{n-1-i}Bx(i) + Dx(n)$
2	零输入解	$r_{zi}(t) = Ce^{At}\lambda(0_-)$	$y_{zi}(n) = CA^n\lambda(0)$
3	零状态解	$r_{zs}(t) = [Ce^{At}B + D\delta(t)] * e(t)$	$y_{zs}(n) = \sum_{i=0}^{n-1} CA^{n-1-i}Bx(i) + Dx(n)$
4	单位冲激响应	$h(t) = Ce^{At}B + D\delta(t)$	$h(n) = CA^{n-1}B + D\delta(n)$

小马哥 Tips

考试频率较低。

7.5 根据状态方程判断系统的稳定性

①连续系统。

只需定出矩阵 A 的特征值 $\text{Re}\{\alpha_i\} < 0$,则系统是稳定的;或者判定特征多项式 $|sI-A|$ 的特征根都位于 s 平面的左半平面,则系统是稳定的。

②离散系统。

要求矩阵 A 的特征值 $|\alpha_i| < 1$,即系统特征根位于单位圆内。

7.6 系统的可控制性与可观测性

7.6.1 可控性

可控性:用输入量控制系统的状态变量,即

$$M = \left[\begin{array}{c|c|c|c|c} B & AB & A^2B & \cdots & A^{n-1}B \end{array}\right]$$

其中 n 为系统的阶数。在给定系统状态方程时,只要矩阵 M 满秩,即 $\text{rank}\, M = n$,系统即为完全可控系统。这是完全可控的充要条件。

7.6.2 可观性

可观性:根据输出量观测系统的状态变量。

定义一个矩阵,即"可观性判别矩阵",简称"可观阵",以 N 表示,即

$$N = \begin{bmatrix} C \\ \hline CA \\ \hline \vdots \\ \hline CA^{n-1} \end{bmatrix}$$

只要矩阵 N 满秩，即 rank $N = n$，系统即为完全可观系统。这是完全可观的充要条件。

小马哥 Tips

很简单的知识，不需要知道为什么，公式背下来，剩下的就是进行线性代数。

7.6.3 可控性和可观性与系统转移函数之间的关系

若 $H(s)$ 中不出现零点与极点的相消，则系统一定是完全可控和完全可观的。

若 $H(s)$ 中出现零点与极点的相消，则系统就是不完全可控或不完全可观的。

7.7 全通系统和最小相位系统

7.7.1 全通系统

全通系统：幅值为常数，只对相位加权。

①连续域全通系统要求：零点和极点是关于虚轴对称的。

$$H(s) = K \frac{s-a}{s+a}$$

系统的幅频特性为常数，所以系统只对输入信号的相位产生影响。一般应用在传输信号，保证幅频特性的情况下，进行相位校正和相位均衡。

小马哥 Tips

最重要的是零点和极点的关系:零点和极点关于虚轴镜像对称 $s_0 = -s_0^*$。

②离散域全通系统要求:

$$H_{ap}(z) = \frac{z^{-1} - a^*}{1 - az^{-1}}$$

ap 下标代表:all pass。

由公式可知:$H_{ap}(z)$ 的每一个极点都有一个对应的共轭倒数的零点对应,且群延迟恒正,连续相位恒负。

小马哥 Tips

最重要的是零点和极点的关系:零点、极点共轭倒数关系为 $z_0 = \dfrac{1}{z_0^*}$。

7.7.2 最小相位系统

最小相位系统:零点都在虚轴的左半平面(SS 的定义)。

一般情况系统还是因果的,所以此时就是零点和极点全部位于虚轴的左半平面。

离散的是位于单位圆内。

$$H_a(s) = \frac{(s-z_1)(s-z_1^*)}{(s-p_1)(s-p_1^*)}$$

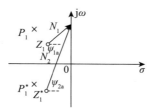

任何一个非最小相位系统都可以拆成一个最小相位和全通系统的乘积。

非最小相位系统 = $H_{ap}(s) \cdot H(s)_{min}$。

核心原理：将虚轴右侧零点映射到虚轴左侧。

📢:
小马哥 Tips

最重要的是最后三句话，考试经常考查全通系统和最小相位系统的分解。

第八章 电路基础

8.1 常见元器件

#	元器件种类	定义	单位	图形表示
1	电阻	电路中最基本的元件之一,它的作用是阻碍电流的流动,使电流按照一定的规律通过	欧姆（Ω）	
2	电容	能够存储电荷的元件,它由两个导体板和介质组成,当两个导体板之间加上电压时,会形成电场,存储电荷	法拉（F）	
3	电感	由线圈等导体组成的元件,当通过电感的电流发生变化时,会产生电压	亨利（H）	
4	电压源	即理想电压源,是从实际电源抽象出来的一种模型,在其两端总能保持一定的电压而不论流过的电流为多少	伏（V）	

148

续表

#	元器件种类	定义	单位	图形表示
5	电流源	即理想电流源,是从实际电源抽象出来的一种模型,能向外部提供一定的电流而不论其两端的电压为多少	安培(A)	$i(t)$
6	受控电压源	受控电压源即电压受到非本支路以外的其他因素控制的电压源	伏(V)	$u(t)$
7	受控电流源	受控电流源即电流受到非本支路以外的其他因素控制的电流源	安培(A)	$u(t)$

①电阻(单位欧姆 Ω), $1\ \Omega = 10^3\ \mathrm{m}\Omega = 10^6\ \mu\Omega = 10^9\ \mathrm{n}\Omega = 10^{12}\ \mathrm{p}\Omega$。

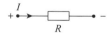

②电容(单位法拉 F), $1\ \mathrm{F} = 10^3\ \mathrm{mF} = 10^6\ \mu\mathrm{F} = 10^9\ \mathrm{nF} = 10^{12}\ \mathrm{pF}$。

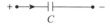

③电感(单位亨利 H), $1\ \mathrm{H} = 10^3\ \mathrm{mH} = 10^6\ \mu\mathrm{H} = 10^9\ \mathrm{nH} = 10^{12}\ \mathrm{pH}$。

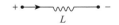

🔊:
小马哥 Tips

熟练掌握。单位关系也要会!

8.2 电路基本规律

8.2.1 三大定律

KCL(基尔霍夫电流定律)、KVL(基尔霍夫电压定律)、OL 定律(欧姆定律)。

#	定律	定义	贡献方程数量
1	KCL	任何时刻,对任意节点,所有流入、流出节点的支路电流的代数和恒等于零	节点数 −1
2	KVL	任何时刻,沿任一回路,所有支路电压的代数和恒等于零	网孔数 = 支路数 − 节点数 +1
3	OL	欧姆定律,$R = U / I$	—

🔊:
小马哥 Tips

熟练掌握就不会做不出题目!

8.2.2 电路元件的 s 域模型（约束关系）

#	元件	电压	电流	s 域阻抗模型
1	电阻	$u_R(t) = R i_R(t)$	$i_R(t) = \dfrac{u_R(t)}{R}$	R
2	电容	$u_C(t) = u_C(0_-) + \dfrac{1}{C}\int_0^t i_C(\tau)\,d\tau$	$i_C(t) = C\dfrac{d[u_C(t)]}{dt}$	$\dfrac{1}{sC}$，若存在 $u_C(0_-)$，则需要串联上等效电压源 $\dfrac{1}{s}u_C(0_-)$
3	电感	$u_L(t) = L\dfrac{d[i_L(t)]}{dt}$	$i_L(t) = i_L(0_-) + \dfrac{1}{L}\int_0^t u_L(\tau)\,d\tau$	sL，若存在 $i_L(0_-)$，则需要串联上等效电压源 $-Li_L(0_-)$

小马哥 Tips

熟练掌握就不会做不出题目！

真题实战 《960题》10-1-5。

8.3 叠加定理和节点电压法

8.3.1 叠加定理

电路中存在多个电流源和电压源,当一个电压源或者电流源起作用时,另外的电压源相当于短路,另外的电流源相当于断路。

小马哥 Tips

一般是带初始状态的 s 域等效模型,会等效出多个电压源,注意电压源的方向,分别计算对输出的影响即可。

真题实战 《960 题》10-2-10。

8.3.2 节点电压法

求解运算放大器或受控源的题,需要用到节点电压法。其本质是基尔霍夫电流定律,对某一点列 KCL 方程,消掉无关变量。节点电压法是一种求解对象的电路计算方法,在电路任选一个节点作为参考点(此点通常编号为"A"),并令其电位为零后,得到其余节点对该参考点的电位,再利用 KVL、KCL、OL 列方程即可。

小马哥 Tips

解题步骤:节点电压法是对电路的节点列 KCL 方程,再利用节点电压分别表示电流,最后求解 KCL 方程。

真题实战 《960 题》10-2-1。

8.4 电功、电功率和焦耳定律

#	类型	表达式	注
1	电功	$W = UIt$	W表示电功,单位为J;U表示电压,单位为V;I表示电流,单位为A;t表示时间,单位为s
2	电功率	$P = UI$	电流在单位时间内做的功称为电功率。电功率常用P表示,单位为W。根据欧姆定律可知$U = IR$,$I = U/R$,所以电功率还可以用公式$P = I^2R$和$P = U^2/R$来求解
3	焦耳定律	$Q = I^2Rt$	电流流过导体时导体会发热,这种现象称为电流的热效应。电流流过导体,导体发出的热量与导体流过的电流、导体的电阻和通电的时间有关。Q表示热量,单位为J;R表示电阻,单位为Ω;t表示时间,单位为s

小马哥 Tips

了解即可,考试频率很低,高中知识!

8.5 戴维南定理与诺顿定理

8.5.1 戴维南定理

根据戴维南定理,将线性含源一端口网络等效为电压源与电阻的串联,这个过程就称为戴维南等效电路的求解。其求解过程主要包括开路电压与等效电阻的求解两个部分。

求解开路电压是直接求出端口的电压，求解等效电阻需要将电流源看成开路、电压源看成短路再去求解。

8.5.2 诺顿定理

诺顿定理是指包含电源与线性电阻的一端口网络，可以等效为一个电流源与一个电阻的并联，这个电流源的电流等于一端口网络的端口短路电流，而电阻等于一端口网络内部所有电源置零（即不作用）时的等效电阻。

电流源求解是直接将端口看成短路，求出流过支路的电流；等效电阻求解需要将电流源看成开路、电压源看成短路再去求解。

小马哥 Tips

了解即可，考试频率很低。

8.6 关于电阻和导纳的串并联（串联分压，并联分流）

#	类型	串联	并联
1	电阻 $R=\dfrac{U}{I}$	总阻抗 = 各个电阻的和 $R_{总}=R_1+R_2+\cdots$	总阻抗 = 各个电阻倒数的和的倒数 $\dfrac{1}{R_{总}}=\dfrac{1}{R_1}+\dfrac{1}{R_2}+\cdots$
2	导纳 $G=\dfrac{1}{R}=\dfrac{I}{U}$	总导纳 = 各个导纳倒数的和的倒数 $\dfrac{1}{G_{总}}=\dfrac{1}{G_1}+\dfrac{1}{G_2}+\cdots$	总导纳 = 各个导纳的和 $G_{总}=G_1+G_2+\cdots$

小马哥 Tips

必须掌握,因为在电路元件的 s 域模型中会使用到。

真题实战《960 题》10-1-11。

8.7 互感解耦合

8.7.1 同名端解耦合

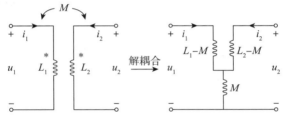

解耦合之后,对左右两侧回路列基尔霍夫电压定律(KVL)方程:

$$\begin{cases} (L_1 - M)\dfrac{\mathrm{d}}{\mathrm{d}t}[i_1(t)] + M\dfrac{\mathrm{d}}{\mathrm{d}t}[i_1(t) + i_2(t)] = u_1(t) \\ (L_2 - M)\dfrac{\mathrm{d}}{\mathrm{d}t}[i_2(t)] + M\dfrac{\mathrm{d}}{\mathrm{d}t}[i_1(t) + i_2(t)] = u_2(t) \end{cases}$$

化简可得

$$\begin{cases} L_1\dfrac{\mathrm{d}}{\mathrm{d}t}[i_1(t)] + M\dfrac{\mathrm{d}}{\mathrm{d}t}[i_2(t)] = u_1(t) \\ L_2\dfrac{\mathrm{d}}{\mathrm{d}t}[i_2(t)] + M\dfrac{\mathrm{d}}{\mathrm{d}t}[i_1(t)] = u_2(t) \end{cases}$$

8.7.2 异名端解耦合

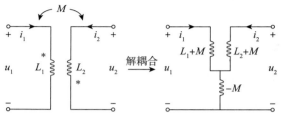

对右侧解耦合之后的电路图的左右两侧回路列基尔霍夫电压定律（KVL）方程：

$$\begin{cases} (L_1+M)\dfrac{\mathrm{d}}{\mathrm{d}t}[i_1(t)] - M\dfrac{\mathrm{d}}{\mathrm{d}t}[i_1(t)+i_2(t)] = u_1(t) \\ (L_2+M)\dfrac{\mathrm{d}}{\mathrm{d}t}[i_2(t)] - M\dfrac{\mathrm{d}}{\mathrm{d}t}[i_1(t)+i_2(t)] = u_2(t) \end{cases}$$

化简可得

$$\begin{cases} L_1\dfrac{\mathrm{d}}{\mathrm{d}t}[i_1(t)] - M\dfrac{\mathrm{d}}{\mathrm{d}t}[i_2(t)] = u_1(t) \\ L_2\dfrac{\mathrm{d}}{\mathrm{d}t}[i_2(t)] - M\dfrac{\mathrm{d}}{\mathrm{d}t}[i_1(t)] = u_2(t) \end{cases}$$

第九章 常见定义及简答题

真题实战 《960 题》第十一章专题 10。

9.1 信号的定义与分类

9.1.1 信号的定义

信号本身是一个随时间变化的物理量,可以是电压、电流、声音等,并且携带一定的信息,即信号可以传递某种含义或表达某种信息。

9.1.2 信号的分类

①连续时间信号:在时间间隔内,除若干不连续点之外,对于任意时间值都可给出确定的函数值。

②离散时间信号:在时间上是离散的,只在某些不连续的规定瞬时给出函数值,在其他时间没有定义。

③确定性信号:分为周期信号和非周期信号,对于指定的某一时刻 t 可确定一相应的函数值 $f(t)$。

④随机性信号:分为平稳随机信号和非平稳随机信号,具有不可预知性或不确定性。

⑤功率信号:具有有限功率的信号,能量无限。

⑥能量信号:具有有限能量的信号,功率为零。

⑦实信号:各时刻的函数值为实数,是物理可实现信号。

⑧复信号:函数值为复数的信号称为复信号,常用的是复指数信号。

9.2 连续与离散信号分析的区别

①连续时间信号:幅值可以是连续的,也可以只取某些规定值。

②离散时间信号:时间上是离散的,时间取值可以是均匀的也可以是不均匀的。

③信号的时域运算中,连续时间信号是对自变量的微分、积分运算,离散时间信号是差分、求和运算。

9.3 系统的定义与分类

9.3.1 系统的定义

系统:由若干相互作用和相互依赖的事物组合而成的具有特定结构和功能的整体。

9.3.2 系统的分类

①连续时间系统:输入、输出信号都是连续时间信号。

②离散时间系统:输入、输出信号都是离散时间信号。

③混合系统:输入信号是连续时间信号,输出信号是离散时间信号,或反之。

④即时系统(无记忆系统):有输入信号时即有输出信号,在时域用代数方程描述的系统。

⑤动态系统（记忆系统）：输出信号不仅取决于同时刻的输入信号，而且与过去的工作状态有关的系统。

⑥集总参数系统：工作频率的波长远远大于元件尺寸的系统，用常微分方程描述。

⑦分布参数系统：工作频率与元件尺寸可以相比拟的系统，用偏微分方程描述。

⑧线性系统：能同时满足齐次性与叠加性的系统。

⑨非线性系统：不能同时满足齐次性与叠加性的系统。

⑩非时变系统：系统参数不随时间而变化的系统。

⑪时变系统：系统参数随时间而变化的系统。

⑫因果系统：系统响应不会出现在输入信号激励系统之前的系统。

⑬非因果系统：不能满足因果系统特性的系统。

9.4 起始点的跳变

当已知 $t=0_-$ 的初始状态时，初始值不一定等于初始状态值，也就是说起始点可能有跳变。在求解系统的完全响应时，要用到以下相关的三个量。

$r^{(k)}(0_-)$：初始状态，它决定零输入响应。

$r^{(k)}(0_+)$：初始值，它决定完全响应。

$r_{zs}^{(k)}(0_+)$：跳变量，初始值与初始状态的差值。

$$r^{(k)}(0_+) - r^{(k)}(0_-) = r_{zs}^{(k)}(0_+)$$

当初始状态为零时,跳变量就是零状态响应的初始值,分别利用 $r_{zs}^{(k)}(0_+)$,$r^{(k)}(0_+)$ 求零状态响应和完全响应。

9.5 连续时间系统的单位冲激响应 $h(t)$

(1) 定义

单位冲激响应:系统在单位冲激信号 $\delta(t)$ 激励下产生的零状态响应。

(注:单位阶跃响应是系统在单位阶跃信号 $u(t)$ 激励下产生的零状态响应。)

(2) 求 $h(t)$ 的方法

冲激函数匹配法:定初始值 → 定待定系数。

奇异函数平衡法:奇异函数项系数相平衡 → 定待定系数。

齐次解法:求自由项为 $\delta(t)$ 的响应 $h(t)$ → 根据线性时不变系统的性质求出 $h(t)$。

(3) 由 $h(t)$ 判断系统特性

因果性:

$$h(t) = h(t)u(t)$$

稳定性:

$$\int_{-\infty}^{\infty} |h(t)| \, dt \leq M \ (M \text{ 为正常数})$$

9.6 离散时间系统的单位样值响应 $h(n)$

(1) 定义

单位样值响应：系统在单位样值信号 $\delta(n)$ 激励下产生的零状态响应。

(2) 求 $h(n)$ 的方法

迭代法：一般不能直接得到 $h(n)$ 的闭式解。

经典法：可由迭代法定初始值 → 定待定系数。把单位样值激励等效为起始条件 → 求解齐次方程。

齐次解法：求自由项为 $\delta(n)$ 的响应 $h(n)$ → 根据线性时不变系统的性质求出 $h(n)$。

(3) 由 $h(n)$ 判断系统特性

因果性：

$$h(n)=h(n)u(n)$$

稳定性：

$$\sum_{n=-\infty}^{\infty}|h(n)| \leqslant M \ (M 为正常数)$$

9.7 连续与离散时间系统分析的特点

9.7.1 连续与离散时间系统的特点

①动态系统：在连续系统中为微积分方程描述的系统（含有动态特性，由微分器、积分器表示），在离散系统中为差分方程描述的系

统（含有移位寄存功能，由延时器表示）。

②对于同一系统进行分析，微分方程的解是精确解，而差分方程的解是近似解。

③经典法、零输入响应与零状态响应法求解系统从物理概念上是一致的，只是连续系统是对连续变量进行微、积分运算，而离散系统是对离散变量进行差分运算。

④边界条件的确定：设激励作用时间为 $t=0$ 时，各种情况所需的边界条件。

a. 连续系统。

全响应：由 $r(0_-)$，$r'(0_-)$，$\cdots$，$r^{(n-1)}(0_-)$ 的值，在激励作用下求出 $r(0_+)$，$r'(0_+)$，$\cdots$，$r^{(n-1)}(0_+)$ 的值。

零状态响应：由状态 $r(0_-)=0$，在激励作用下求出 $r(0_+)$，$r'(0_+)$，$\cdots$，$r^{(n-1)}(0_+)$ 的值。

零输入响应：直接使用 $r(0_-)$，$r'(0_-)$，$\cdots$，$r^{(n-1)}(0_-)$ 的值。

b. 离散系统。

全响应：由 $y(-1)$，$y(-2)$，$\cdots$ 的值，在激励作用下迭代出 $y(0)$，$y(1)$，$\cdots$，$y(k-1)$ 的值。

零状态响应：由 $y(-1)=y(-2)=\cdots=0$，在激励作用下迭代出 $y(0)$，$y(1)$，$\cdots$，$y(k-1)$ 的值。

零输入响应：直接用 $y(-1)$，$y(-2)$，$\cdots$ 的值。

初始状态是否等于初始值，要看起始点是否有跳变。

⑤求解差分方程的迭代法是离散系统特有的，因为差分方程本身就是一个递推过程。

⑥离散系统的单位样值响应与连续系统的单位冲激响应概念对应。单位冲激响应的边界条件要分析起始点的跳变，单位样值响应的边界条件可以应用差分方程的迭代法求得。

⑦卷积运算在连续系统与离散系统中是非常相似的，仅在于连续变量和离散变量、积分运算和求和运算带来的区别。

⑧求系统的零状态响应的卷积法，连续系统与离散系统相似，一个是求积分，另一个是求和。

9.7.2 傅里叶级数的收敛（狄里赫利条件）

信号 $f(t)$ 只要满足狄里赫利条件，即可保证用傅里叶级数展开式表示。

狄里赫利条件为

①在一个周期内，如果有间断点存在，则间断点的数目应是有限个；

②在一个周期内，$f(t)$ 具有有限个极大值和极小值；

③在一个周期内，$f(t)$ 绝对可积，即 $\int_{T_1} |f(t)| \, \mathrm{d}t < \infty$。

9.8 周期信号的幅度谱和相位谱

(1) 定义

幅度谱：$c_n \sim \omega$ 或 $|F_n| \sim \omega$ 的关系曲线。

相位谱：$\varphi_n \sim \omega$ 的关系曲线。

对于实信号，幅度谱是 ω 的偶函数，相位谱是 ω 的奇函数。

（2）周期信号频谱的特点

离散性，谐波性，收敛性。

9.9 功率信号与能量信号

9.9.1 功率信号和功率谱

（1）功率信号

功率信号：信号在时间区间 $(-\infty, \infty)$ 内的能量为 ∞，但平均功率为有限值。

周期信号、阶跃信号、符号函数等为功率信号。

（2）功率信号平均功率 P 的计算公式

时域公式：

$$P = \lim_{T \to \infty} \frac{1}{T} \int_T |f(t)|^2 \, dt$$

频域公式（对于周期信号）：

$$P = c_0^2 + \sum_{n=1}^{\infty} \left(\frac{c_n}{\sqrt{2}} \right)^2 = \sum_{n=-\infty}^{\infty} |F_n|^2$$

即平均功率 P 等于频域中直流分量与各次谐波分量的平均功率之和。

（3）功率谱密度

$$\Phi(\omega) = \lim_{T \to \infty} \frac{|F_T(\omega)|^2}{T}$$

其中 $F_T(\omega)$ 为功率信号 $f(t)$ 的截断函数 $f_T(t)$ 的傅里叶变换。

9.9.2 能量信号和能量谱

(1) 能量信号

能量信号：信号在时间区间 $(-\infty, \infty)$ 内的能量为有限值，而在时间区间 $(-\infty, \infty)$ 内的平均功率 $P=0$。大多数时限信号为能量信号。有些信号既不属于能量信号也不属于功率信号，例如 $f(t)=e^t$，$\delta(t)$ 为无定义的非功率非能量信号。

(2) 能量信号能量 E 的计算公式

①时域公式：

$$E = \int_{-\infty}^{\infty} |f(t)|^2 \, dt$$

②频域公式：

$$\begin{aligned} E &= \frac{1}{2\pi} \int_{-\infty}^{\infty} |F(\omega)|^2 \, d\omega \\ &= \frac{1}{\pi} \int_{0}^{\infty} |F(\omega)|^2 \, d\omega \end{aligned}$$

(3) 能量谱

令 $G(\omega) = |F(\omega)|^2$，$G(\omega)$ 的单位为 J·s，则

$$E = \frac{1}{2\pi} \int_{-\infty}^{\infty} G(\omega) \, d\omega$$

$G(\omega)$ 称为能量信号的能量频谱密度，简称能量谱。它描述了单位频带内信号的能量随 ω 分布的规律。

9.10 线性时不变系统的频率响应

9.10.1 系统函数

定义：已知连续线性时不变系统的冲激响应为 $h(t)$，设输入信号为 $e(t)$，输出为 $r(t)$。若

$$h(t) \leftrightarrow H(j\omega)$$
$$e(t) \leftrightarrow E(j\omega)$$
$$r(t) \leftrightarrow R(j\omega)$$

则

$$r(t) = e(t) * h(t)$$

根据卷积定理

$$R(j\omega) = E(j\omega) H(j\omega)$$

则

$$H(j\omega) = \frac{R(j\omega)}{E(j\omega)}$$

$H(j\omega)$ 称为系统函数，也称作系统的频率响应特性。

9.10.2 线性时不变系统对复指数信号的响应

若以 $e^{j\omega_0 t}$ 作为激励，则系统的稳态响应为

$$T[e^{j\omega_0 t}] = \int_{-\infty}^{\infty} h(\tau) e^{j\omega_0(t-\tau)} d\tau$$

$$= e^{j\omega_0 t} \int_{-\infty}^{\infty} h(\tau) e^{-j\omega_0 \tau} d\tau = e^{j\omega_0 t} H(j\omega_0)$$

其中 $T[\ ]$ 表示以 [ ] 中的信号作为激励求得的响应，此外，也用傅

里叶变换分析法表示为

$$R(j\omega) = E(j\omega)H(j\omega)$$
$$= 2\pi\delta(\omega - \omega_0)H(j\omega)$$
$$= 2\pi\delta(\omega - \omega_0)H(j\omega_0)$$
$$r(t) = T[e^{j\omega_0 t}] = H(j\omega_0)e^{j\omega_0 t}$$

表明系统的响应等于激励 $e^{j\omega_0 t}$ 乘以加权函数 $H(j\omega_0)$。复指数信号 $e^{j\omega_0 t}$ 是线性时不变系统特征值为 $H(j\omega_0)$ 的特征函数。

9.10.3 线性时不变系统对傅里叶级数表示式的响应

$$T\left[\sum_{n=-\infty}^{\infty} F_n e^{jn\omega_1 t}\right] = \sum_{n=-\infty}^{\infty} F_n H(jn\omega_1) e^{jn\omega_1 t}$$

9.10.4 一般非周期信号经过系统的响应

当输入 $e(t)$ 为非周期信号，则

$$R(j\omega) = E(j\omega)H(j\omega)$$
$$r(t) = \frac{1}{2\pi}\int_{-\infty}^{\infty} E(j\omega)H(j\omega)e^{j\omega t}d\omega$$

令

$$R(j\omega) = |R(j\omega)|e^{j\varphi_R(\omega)}$$
$$E(j\omega) = |E(j\omega)|e^{j\varphi_E(\omega)}$$
$$H(j\omega) = |H(j\omega)|e^{j\varphi_H(\omega)}$$

则

$$|R(j\omega)| = |E(j\omega)||H(j\omega)|$$

$$\varphi_R(\omega) = \varphi_E(\omega) + \varphi_H(\omega)$$

说明 $H(j\omega)$ 是一个加权函数，信号经过系统传输后，其幅度频谱被 $|H(j\omega)|$ 加权，相位被 $\varphi_H(\omega)$ 修正。幅频特性 $|H(j\omega)|$ 有时也被称为系统的增益。

9.11 带宽

9.11.1 定义

对数概念：

$$\mathrm{dB} = 10\lg x, \quad 3\,\mathrm{dB} = 30\lg x$$

dB 是一个比值，是一个纯计数方法，在不同的领域有不同的名称，也代表不同的含义。在信号与系统中，通常用对数描述信号经过系统的增益或者衰减的信数，或者描述系统本身特性。

9.11.2 系统的带宽

①绝对带宽。

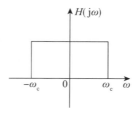

理想低通滤波器中的截止频率 ω_c（正频率部分）称为系统的带宽。

② 3 dB 带宽，或者半功率点带宽（正频率部分）。

对于因果系统，带宽的常见定义是 3 dB 带宽，就低通滤波器而言，3 dB 带宽定义为幅度谱 $|H(j\omega)|$ 下降为 $\frac{|H(0)|}{\sqrt{2}}$ 的正频率部分，如图所示，带宽为 ω_0。

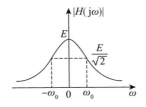

对于带通滤波器而言，3 dB 带宽定义为中心频率的幅度谱 $|H(j\omega_m)|$ 下降为 $\frac{|H(j\omega_m)|}{\sqrt{2}}$ 时对应的频率差值，如图所示，带宽为 $\omega_2 - \omega_1$。

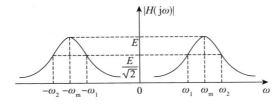

9.11.3 信号的带宽

①第一零点带宽。

某些信号频谱函数的第一个零点内集中了信号的大部分能量（或功

率),故将其频谱的第一个零点定义为其带宽。如矩形脉冲信号,其频谱的第一个零点为 $\frac{2\pi}{\tau}$,即定义此信号的带宽为 $\frac{2\pi}{\tau}$。

② 3 dB 带宽。

3 dB 带宽也称为半功率点带宽。

③ 有限带宽信号。

如果 $|F(\omega)|=0$,$|\omega|>\omega_m$,则信号称为有限带宽信号,带宽为 ω_m。

9.12 相关

9.12.1 自相关与互相关

#		能量信号的相关函数 设 $f_1(t)$ 与 $f_2(t)$ 为能量有限信号	功率信号的相关函数 设 $f_1(t)$ 与 $f_2(t)$ 为功率有限信号
1	互相关	$R_{12}(\tau)=$ $\int_{-\infty}^{\infty} f_1(t) f_2^*(t-\tau) \mathrm{d}t =$ $\int_{-\infty}^{\infty} f_1(t+\tau) f_2^*(t) \mathrm{d}t$	$R_{12}(\tau)=$ $\lim_{T \to \infty} \frac{1}{T} \int_{-\frac{T}{2}}^{\frac{T}{2}} f_1(t) f_2^*(t-\tau) \mathrm{d}t$
2	自相关	$R(\tau)=$ $\int_{-\infty}^{\infty} f(t) f^*(t-\tau) \mathrm{d}t =$ $\int_{-\infty}^{\infty} f(t+\tau) f^*(t) \mathrm{d}t$	$R(\tau)=$ $\lim_{T \to \infty} \frac{1}{T} \int_{-\frac{T}{2}}^{\frac{T}{2}} f^*(t) f(t+\tau) \mathrm{d}t$

续表

#		能量信号的相关函数 设$f_1(t)$与$f_2(t)$为能量 有限信号	功率信号的相关函数 设$f_1(t)$与$f_2(t)$为功率有 限信号
3	性质	$R_{12}(\tau) = R_{21}^*(-\tau)$ $R(\tau) = R^*(-\tau)$	—

9.12.2 相关与卷积的关系

①实数信号的相关（$f_1(t)$，$f_2(t)$为偶函数）。

$$R_{12}(\tau) = \int_{-\infty}^{\infty} f_1(t) f_2(\tau-t) \mathrm{d}t$$
$$= f_1(\tau) * f_2(-\tau)$$

②复数信号的相关（$f_1(t)$，$f_2^*(t)$为偶函数）。

$$R_{12}(\tau) = \int_{-\infty}^{\infty} f_1(t) f_2^*(\tau-t) \mathrm{d}t$$
$$= f_1(\tau) * f_2^*(-\tau)$$

总结如下。

卷积为反折、平移、相乘、积分；相关为平移、相乘、积分。卷积有反折操作，相关没有，因此对于偶函数的卷积，由于反折之后依旧为偶函数，则卷积和相关操作结果一样，两个关于纵坐标对称的矩形波卷积和相关结果相同。

9.12.3 相关定理

维纳 - 辛钦关系：

$$\begin{cases} R(\tau) = \dfrac{1}{2\pi}\int_{-\infty}^{\infty} \Phi(\omega) e^{j\omega\tau} d\omega \\ \Phi(\omega) = \int_{-\infty}^{\infty} R(\tau) e^{-j\omega\tau} d\tau \end{cases}$$

即功率有限信号的功率谱函数与自相关函数是一对傅里叶变换。在实际中，有些信号无法求它的傅里叶变换，但可用求自相关函数的方法达到求功率谱的目的。

9.12.4 信号经过线性时不变系统后输出的自相关函数和能量谱密度

①能量信号。

$$G_r(\omega) = |H(j\omega)|^2 G_e(\omega)$$

②功率信号。

$$\Phi_r(\omega) = |H(j\omega)|^2 \Phi_e(\omega)$$

$$R_r(\tau) = R_e(\tau) * R_h(\tau)$$

9.12.5 离散序列的相关

$$R_{xy}(m) = \sum_{n=-\infty}^{\infty} x(n)y(n-m), \quad R_{xx}(m) = \sum_{n=-\infty}^{\infty} x(n)x(n-m)$$

9.13 系统的可控性与可观性

9.13.1 可控性

①定义。

当系统用状态方程描述时,给定系统的任意初始状态,可以找到容许的输入量(即控制变量),在有限时间之内把系统的所有状态引向状态空间的原点(即零状态),如果可以做到这一点,则称系统是完全可控制的。如果只有对部分状态变量可以做到这一点,则称系统是不完全可控制的。

②判断方法。

若可控阵 $M = [\ B\ \vdots\ AB\ \vdots\ A^2B\ \vdots\ \cdots\ \vdots\ A^{k-1}B\ ]$ 为满秩,则系统即为完全可控的,否则即为不完全可控的。

9.13.2 可观性

①定义。

如果系统用状态方程描述时,在给定控制后,能在有限时间间隔内 $(0 < t < t_1)$ 根据系统输出唯一地确定系统的所有起始状态,则称系统完全可观;若只能确定部分起始状态,则称系统不完全可观。

②判断方法。

若可观阵

$$N = \begin{bmatrix} C \\ \hline CA \\ \hline \vdots \\ \hline CA^{n-1} \end{bmatrix}$$

为满秩,则系统为完全可观的,否则为不完全可观的。

9.13.3 可控性和可观性与系统转移函数之间的关系

若 $H(s)$ 中不出现零点与极点的相消,则系统一定是完全可控和完全可观的。

若 $H(s)$ 中出现零点与极点的相消，则系统就是不完全可控或不完全可观的。

9.14 全通系统和最小相位系统

用微分方程和差分方程表示的连续时间和离散时间的因果稳定线性时不变系统中，有两种特殊的零、极点分布，使它们具有特殊的幅频特性和相频特性。一个在整个频域有恒定的幅频响应，称为全通系统；另一个具有最小变化的相位特性，称为最小相位系统。